NATIONAL GEOGRAPHIC
美国国家地理

ANGRY BIRDS™
愤怒的小鸟 力量的秘密
让我们一起遨游物理世界吧！

$$0 = -\frac{1}{2}mv^2 + mg(\Delta y)$$

$$v = \sqrt{2g(\Delta y)}$$

$\tan\theta = v_y/v_x$

$\theta = \tan^{-1}(v_y/v_x)$

$$v = \sqrt{v_x^2 + v_y^2}$$

$$v_2 = \sqrt{\frac{ks^2}{m} - 2gs\sin\theta}$$

$a_x = 9.8 \text{ m/s}^2$

$a_x = 0 \text{ m/s}^2$

$v = 0 \text{ m/s}$

$\vec{F}_{spring}$

$\vec{F}_{grav}$

美国国家地理

ANGRY BIRDS
愤怒的小鸟 力量的秘密

让我们一起遨游物理世界吧!

【美】瑞特·阿兰 著　虞骏 译

时代出版传媒股份有限公司
安徽少年儿童出版社

著作权登记号：皖登字12131315号

Copyright © 2013 National Geographic Society. All rights reserved.
Copyright Simplified Chinese edition © 2014 National Geographic Society.
All rights reserved.
Foreword Copyright © 2013 Rovio Entertainment Ltd.
Angry Birds Characters Copyright © 2009-2014 Rovio Entertainment Ltd.
Rovio, Angry Birds, and the Angry Birds characters are trademarks of Rovio Entertainment Ltd.
All rights reserved. Reproduction of the whole or any part of the contents without written permission from the publisher is prohibited.

本作品中文简体版权由美国国家地理学会授权北京大石创意文化传播有限公司所有，由安徽少年儿童出版社出版发行。未经许可，不得翻印。

美国国家地理学会是世界上最大的非营利科学与教育组织之一。学会成立于1888年，以"增进与普及地理知识"为宗旨，致力于启发人们对地球的关心。美国国家地理学会通过杂志、电视节目、影片、音乐、电台、图书、DVD、地图、展览、活动、学校出版计划、交互式媒体与商品来呈现世界。美国国家地理学会的会刊《国家地理》杂志，以英文及其他33种语言发行，每月有3800万读者阅读。美国国家地理频道在166个国家以34种语言播放，有3.2亿个家庭收看。美国国家地理学会资助超过10000项科学研究、环境保护与探索计划，并支持一项扫除"地理文盲"的教育计划。

图书在版编目（CIP）数据

愤怒的小鸟力量的秘密·让我们一起遨游物理世界吧！ / （美）阿兰著；虞骏译. – 合肥：安徽少年儿童出版社，2014.6（美国国家地理）

ISBN 978-7-5397-7238-7

Ⅰ.①愤… Ⅱ.①阿…②虞… Ⅲ.①物理学–少儿读物 Ⅳ.①O4-49

中国版本图书馆CIP数据核字(2014)第071960号

MEIGUO GUOJIA DILI FENNU DE XIAONIAO LILIANG DE MIMI RANG WOMEN YIQI AOYOU WULI SHIJIE BA

美国国家地理·愤怒的小鸟 力量的秘密·让我们一起遨游物理世界吧！		【美】瑞特·阿兰 著　虞 骏 译
出 版 人：张克文	总 策 划：李永适　张婷婷	美术编辑：董凤云
责任编辑：丁 倩　王笑非　唐 悦　吴荣生	特约编辑：穆海迪　于艳慧	责任印制：宁 波

出版发行：时代出版传媒股份有限公司　http://www.press-mart.com
　　　　　安徽少年儿童出版社　E-mail： ahse@yahoo.cn
　　　　　新浪官方微博：http://weibo.com/ahsecbs
　　　　　腾讯官方微博：http://t.qq.com/anhuishaonianer（QQ：2202426653）
　　　　　（安徽省合肥市翡翠路1118号出版传媒广场　邮政编码：230071）
　　　　　市场营销部电话：(0551)63533521　（0551)63533531（传真）
　　　　　（如发现印装质量问题，影响阅读，请与本社市场营销部联系调换）

印　　制：北京瑞禾彩色印刷有限公司		
开　　本：787mm×1092mm　1/24	印　张：6.67	字　数：125千字
版　　次：2014年6月第 1 版	印　次：2014年6月第 1 次印刷	
ISBN 978-7-5397-7238-7		定　价：25.00元

版权所有，侵权必究

目录

序："愤怒的小鸟"里的物理学知识　7

第一关　力学　8

第二关　声和光　38

第三关　热力学　68

第四关　电和磁　98

第五关　粒子物理及其他　128

词汇表　156
关于作者　158
致谢　158
图片来源　159

禁区
淡定的人
闲人免进

序:"愤怒的小鸟"里的物理学知识

"愤怒的小鸟"的粉丝们每次用弹弓瞄准目标的时候,都会跟物理学的基本原理面对面。一只愤怒的小鸟要以什么角度发射出去才能够击中目标,尽可能多地消灭猪猪?在围攻猪猪的战斗中,应该如何考虑加速度和质量的影响?重力又会如何影响愤怒的小鸟飞行的路线?

美国《国家地理》已经接下了这项任务,来解释"愤怒的小鸟"这个游戏和物理学这门学科之间存在的显而易见的关联。"愤怒的小鸟"和物理学是天作之合,因为归根到底,它们拥有共同的特征——通过反复实验和不断摸索,来寻找一个解决方案,获取最理想的结果,并且这个过程的趣味性很强。这本书就是罗威欧娱乐有限公司和美国《国家地理》在相互启迪灵感的合作之中诞生的。

物理学也可以很好玩,就像玩"愤怒的小鸟"一样!

"神鹰"彼得·维斯特贝加
罗威欧娱乐有限公司首席营销官

第一关 力学

物理学中的一门分支学科,研究能量和力,以及它们对物体的作用。

一位花式跳伞运动员,受到地球引力和空气阻力的影响,向地面降落。

物理学基础

物理学在作怪

公元前350年,亚里士多德是最早研究物体运动的一批人之一。可惜的是,他的观点大部分都是错误的。

描述运动

第一关 力学

想要描述一个物体的运动,你就需要了解施加在这个物体上的力。那要怎么做呢?我可以画一幅物体运动时所经过的路径(即"轨迹")的示意图,来描述它的运动。当然,你已经见过运动轨迹了。你在游戏中对着小猪射出一只愤怒的小鸟后,你看到的就是小鸟的运动轨迹。

虽然运动轨迹很有用,但它并不能完整描述物体的运动,如它不能反映物体运动的快慢。通常我们会用一个数学表达式来描述一个物体的运动,而这个表达式就被称为"运动方程"。

相互作用和力

力学不仅研究力,它还研究物体之间的相互作用。什么是相互作用呢?不管什么时候,只要两个物体相互影响了,你就可以说这是相互作用。试想一只愤怒的小鸟撞击一个砖块,砖块和小鸟都在一定程度上发生了变化,我们就可以说它们之间有了相互作用。事实上,人们创造出"力"这个概念,就是为了描述相互作用。

"力"究竟是什么呢?其实你就亲自感受过"力"。放一本书在手上,你就能够感受到它在往下压,这就是力。在游戏里,当弹弓拽着一只愤怒的小鸟往前射时,这也是力。在这一关,我们将讨论"力"能对物体做什么。

在测量力的大小时,常用的单位是牛顿。一本典型的精装书的质量约为1千克,1千克的物体在地球上受到的重力约为10牛顿。

飞镖黄的运动轨迹没有错!

关于力的观点

现在,让我们把关于力的两种观点摆在一起。当一个大小不变的力作用在一个物体上时,会发生些什么呢?这是一个非常古老的问题。没有人知道探索这些概念的第一个人或者第一批人是谁,但我们往往认为许多观点是由古希腊哲学家亚里士多德最先提出的。可惜的是,亚里士多德算不上是一位真正的科学家,尽管他是一位伟大的思想家,但他从来没有用实验证据来支持他的观点。亚里士多德认为,物体受到力才能运动,不受力就会静止不动。尽管这听上去还挺有道理的,但根本就不对。直到大约2000年后,艾萨克·牛顿和伽利略·伽利莱才开始探索力的作用。他们发现,一个大小不变的力会产生一个恒定变化的运动。如果没有力,运动就根本不会发生变化,换句话说,力是改变物体运动状态的原因。

第一关 力学

快看,动能在工作!

距 离

力 → 时间

用能量来描述"愤怒的小鸟"的运动

在描述相互作用时，力并不是最好的方式。我们还可以用另一个概念来描述——能量。不论描述哪一种相互作用，我们既可以用力，也可以用能量。

在日常生活中，即使我们经常使用的描述方式是能量，但想要定义这个概念却难得出奇。举个例子，或许能让我们更好地理解能量。一只运动中的"愤怒的小鸟"，拥有一种我们称之为"动能"的能量。小鸟运动得越快，拥有的动能就越多。

但这种能量是从哪里来的呢？它可能来自于这只小鸟被投掷出来时，存储在弹弓的橡皮筋里的能量。这些动能又会到哪里去呢？随着小鸟被抛高，它的运动速度就会变慢，因此它的动能也会减少。为了让总能量保持不变，另外一种能量就必须增加。我们把这种跟物体上下移动有关的能量，称为重力势能。

运动

你看到那辆急速驶来的汽车了吗？如果看到了，你要怎么描述这种运动呢？好吧，我刚才已经描述过了——"急速驶来"。这个词在描述汽车运动时，可能是一种比较酷的方式，但并不是那么有用。汽车可以以各种方式移动，所以我们在描述它们的运动时要更详细一些。

什么是位移、速度和加速度？

现在有一辆正在比赛的汽车，我们怎么来描述这辆车的运动呢？首先，我们设定一个位置，比如说起跑线。当它开始运动的时候，我们最关注的是这个物体的位移——也就是这辆汽车从某时某地移动到另一时刻另一地点间的距离。从本质上来说，重要的不是你在哪里，而是你在位置上的变化，也就是运动。

如果我们计算出这辆车的位移，再用它除以这辆车走过这段距离所用的时间，我们就得到了速度，也就是这辆车行驶得有多快。速度告诉我们位置如何随着时间的变化而变化，加速度则告诉我们速度如何随着时间的变化而变化。

第一关 力学

物理学小知识

- 我们可以用米或者千米等长度单位来衡量位置和位移。
- 速度可以用千米/时或者米/秒来衡量。
- 加速度可以用米每二次方秒来衡量。

一辆拉力赛车在比赛时一下子跳了起来,向你急速驶来!

力和运动

如果你像棒球投手掷球那样推动一个棒球，会发生些什么？棒球一开始是静止的，所以这个力会把棒球的速度从0变成一个不为0的数值——如果你是专业投手的话，这个数值可能会超过145千米/时。

力对物体做了些什么？

你让棒球飞出去之后，又发生了什么？你不再推动这个棒球了，因为你没有再接触到它了。如果没有其他力作用在这个棒球上——比如棒球没有被球棒击中——它就不会改变自己的速度。实际上，确实有其他的力跟这个棒球发生相互作用，比如重力和空气阻力，但从投球区到本垒区短短的时间内，这些力不会对速度产生多大的影响。

力可以使物体加速或者减速。当棒球与捕手的手套相互作用时，捕手朝着棒球运动的反方向推动它。这让棒球的速度很快就下降到0。

在所有这些例子中，力都改变了速度。如果没有力，速度就不会有任何变化。

第一关　力学

物理学在作怪

把一个球放在一个光滑的表面上。你击打那个球，它就会改变自己的速度。朝着与球的运动相同的方向击球，球就会加速；朝着相反的方向击球，球就会减速。

棒球之所以运动,是因为投手对它施加过力。

第一关 力学

持续给力

为什么狗狗要滑滑板？滑板的美妙之处在于，它的轮子与地面的摩擦力非常小。如果狗狗站上滑板，轻轻一推，它就会以基本不变的速度向前移动。如果狗狗站在滑板上，同时用一条腿在地上不断地向后蹬，会怎么样？我们已经知道，力会改变物体的运动速度。如果你持续不断地对这个物体施加一个力，它的速度就会不断改变。因此，滑板上的狗狗就会一直保持运动状态。

如果一个大小不变的力持续作用在一个物体上，会发生什么？

现在，如果我用一个更大的力持续推动一个物体呢？会让这个物体运动得更快一点吗？不一定。还记得持续不变的力会不断地改变物体的运动速度吗？因此，就算是一个很小的力，最终也可能产生一个非常大的速度。力更大，只意味着速度会改变得更快。

物理学小知识

- 力的单位的换算是：1牛顿 = 0.102千克力；1千克力 = 9.8牛顿。
- 千克是质量单位，而千克力是一个表示力的单位。
- 在英制单位中，质量的单位是**斯勒格**（slug）；在米制单位中，质量的单位是**千克**。
- "土星五号"火箭能够施加的推力多达3400万牛顿（约347万千克力）。

引力

引力是我们所有人都体验过的一种力。引力是所有带有质量的物体之间的一种相互作用。可是，对于大多数物体来说，这种相互作用太小，小到你根本就注意不到。当我们谈到引力时，我们指的很可能是地球的引力，也就是重力。

第一关 力学

为什么你把球扔向空中时，球的速度会变慢？

如果你拿起一只杯子，然后放手，会发生什么呢？只要一放手，就会有一个恒定的重力作用在杯子上，把杯子往下拉。恒定的力意味着速度会持续发生变化。杯子在往下落的过程中会越来越快，直到有另一个力作用到它身上。不幸的是，这另一个力有可能是地面作用到杯子上——把它往上推的力，会使杯子破裂。

如果你把一个杯子或者一个球扔向空中，又会如何呢？重力还是会把它往下拉。但在这种情况下，这个力的方向与速度相反，这意味着杯子将在上升的过程中减速，直到它停下为止。在那之后，它又会掉落下来，并开始加速。

物理学在作怪

你在玩"愤怒的小鸟"游戏时，不要把小鸟直接射向猪猪，而试着将小鸟朝差不多正上方发射出击，会发生什么呢？重力会把小鸟往下拉，让它减速。

如果你不对物体施加任何的力,重力就会让它们往下掉,就像这杯打翻的牛奶一样。

怒鸟红

使命在身

怒鸟红并不擅长充当火箭,但保护鸟蛋的决心驱使他朝着正确的方向前进。保护鸟蛋们的安全——这个责任担负起来可不轻松,怒鸟红把自己想象成了整个小鸟军团的领袖。在他腾空而起追击那些偷蛋的猪猪时,速度是他最厉害的武器。怒鸟红越是愤怒,动力就越强烈,驱使着他英勇无畏地把自己投向敌人的阵营。这只受够了气的飞鸟证明:站在那里一动不动是一回事,知道适时地出击是另外一回事。

英国科学家
艾萨克·牛顿

$$v = s/t$$

↓ 速度　↓ 路程　↓ 时间

名字:怒鸟红

怒鸟红的驱动力:他信赖的弹弓

最喜欢的战术:直接命中目标

物理学在作怪:速度告诉我们移动一段距离需要花多长的时间。

终端速度

来考虑一个自由落体的极端例子。如果你从高空的一架飞机里跳出舱外,引力会拉着你,让你下落得越来越快。很快,你的速度就会快到让你无法再忽略迎面而来的空气带给你的阻力。

第一关 力学

为什么跳伞运动员的速度不会一直越来越快?

在行驶的车上,你把手伸出车窗,你就能轻易感受到空气阻力。车的速度越快,空气推在你手上的力就越强。同样的事情也发生在跳伞运动员的身上。他下落的速度越快,空气阻力就越大。最终,空气阻力的大小会跟引力一样,但是方向相反。这两个力共同作用的结果就好像没有力作用在跳伞运动员身上一样,所以他将以恒定的速度下落。我们把这个速度称为终端速度,因为这就是加速的终点。当然,由于跳伞运动员身上的伞使其落地前的终端速度变得很小,这就保障了运动员的安全。

物理学小知识

一个采取俯伏自由向下姿势的跳伞运动员的终端速度约为55米/秒(约195千米/时)。

跳伞运动员可以通过改变身体姿势来改变与空气正面接触的面积,进而改变自身终端速度的大小。

自由下落的跳伞运动员能够组合成不同的阵形。

抛物运动

第一关 力学

如果你想让一支箭击中目标，你就必须懂得一点物理知识。箭在离弦之后，基本上就只有一个力作用在它上面——引力。由于引力只会把它往下拉，它只会在竖直方向上改变速度，水平方向上的速度不会变。

怎样才能把箭射得更远？

水平射出的箭没有略微向上倾斜的箭射得远。为什么？因为，向上倾斜的箭在竖直方向上有一个初始速度。这意味着，这支箭要花更久的时间才会开始落向地面，更久的时间让箭能够在水平方向上移动更远的距离。但是，如果你瞄得太高，水平方向上的速度就会减小很多。

物理学在作怪

你可以在"愤怒的小鸟"这个游戏里尝试抛物运动。你把小鸟水平射出，看看它能飞出多远呢？然后，你再略微向上一点抛射小鸟，它有没有飞得更远呢？

箭一旦离开了弦，它的运动就由引力和空气阻力决定了。

引力和重量

假设你现在已经走进了电梯间,电梯开始上楼。为了上楼,电梯会加速向上,获得一个不为0的速度。这时,你在电梯间里会有什么感觉?当电梯加速上升时,你会感觉自己变重了一点儿;当电梯停下来、朝下加速运动的时候,你又会感觉自己变轻了一点儿。

第一关 力学

为什么在电梯里,你会感觉自己变重或者变轻呢?

你真的变轻了吗?没有。记住,引力是由相互作用的两个物体的质量决定的。在电梯里,不管是地球还是你,质量都没有改变。那到底是怎么回事儿呢?简单来说,我们感受到的重量并不是我们真正的重量。相反,我们感受到的是其他支撑我们的力。当电梯向上加速时,地板支撑我们的力必须要比引力更大,才能让你也加速向上。由于这个力比你自身的重量更大,你就会感觉自己变重了。当电梯向下加速时,情况刚好相反。地板支撑你的力没必要跟引力一样大,所以你会感觉自己变轻了。

物理学小知识

- 引力是4种基本作用力中最弱的。
- 如果没有其他力的作用,不同质量的物体下落的加速度是一样的。
- 你的质量衡量了你和地球之间引力的大小。

如果你坐在一枚正在加速的火箭上,感觉会不一样吗?

第一关 力学

国王猪

质量大小有影响

如果质量与速度有关,那就要花上很大的力气才能令又大又重的国王猪让位。这头一动不动的肥猪,是鸟蛋盗窃案背后的主谋。他很想把炒锅装满,却懒得连一根指头都不想抬。他就这么呆呆地坐着,等他的宠臣去狩猎,希望他们的聪明才智足够胜过愤怒的小鸟——偷到足够多的鸟蛋来填饱他饥饿的肚子。猪猪岛一直是他的安全领地,不到万不得已,他是不会冒险离开王座亲自动手的。但就算这样,又矮又胖的国王猪,也不是怒气冲冲的小鸟的对手。

意大利科学家
伽利略·伽利莱

$$F_合 = ma$$

合力　　质量　　加速度

名字:国王猪

国王猪的驱动力:愤怒的小鸟的愤怒一击

最喜欢的战术:站着不动

物理学在作怪:惯性定律表明,一切物体在没有受到力的作用时,会保持静止状态或匀速直线运动状态,除非作用在它上面的力改变了这种状态。

轨道上的宇航员

第一关 力学

人们一般认为，太空中没有引力。这让宇航员看起来几乎没有任何重量，显得轻飘飘的。但太空中确实是有引力的——事实上，地球能够绕着太阳转，完全是因为它们之间有引力作用。

为什么宇航员在太空会失重？

你离地球越远，受到的地球引力就越弱。然而，轨道上的宇航员距离地面只有300千米，而地球的直径几乎就有13,000千米。因此，轨道上的引力只比地球上小那么一点点。那么，为什么他们会失重呢？

事实上，空间站就好像我们之前提到过的正在加速的电梯。它们之间唯一的区别是，空间站一直在加速。由于这个"电梯"和宇航员在绕着地球转的时候都在加速，除了引力改变速度的方向以外，不存在其他的力再施加在宇航员身上。没有其他力的作用，宇航员就感觉失重了。

物理学在作怪

在国际空间站所在的轨道上，引力的大小大约是地球表面引力大小的90%。

能量和运动

云霄飞车的轨道可以非常疯狂。你可能已经注意到了,当车在轨道上爬升和俯冲时,它的速度也会时快时慢。这种运动可以用能量而不用力来描述吗?当然可以。而且在许多情况下,用能量描述会更容易。对于一条扭曲的轨道,要不断追踪作用在车上的不同的力,可能会相当困难。如果用能量描述,我们只要看车开始和最后停在哪里就行了。

第一关 力学

云霄飞车很好玩,因为它的速度时快时慢。

我们如何用能量来描述云霄飞车？

对于一辆云霄飞车来说，只有两种能量是真正重要的。一种是动能，也就是与车的运动有关的能量。动能是由车的质量和速度共同决定的。另一种是重力势能，它跟车与地球之间的引力相互作用有关。势能是由车的质量和它距离地球表面的高度共同决定的。

对于一辆在轨道上翻滚的云霄飞车来说，除了动能和势能，没有其他重要能量注入到这个系统中来。这意味着动能和势能的总和必然是一个常数。当车向下俯冲时，势能降低，动能就必定增加，让车变得更快。

圆周运动

我们已经讲过加速，但还有更多值得一提的相关内容。速度描述的其实不只是一个物体运动起来有多快，还包含物体运动的方向。这种既有大小又有方向的物理量，我们称为矢量。改变这个矢量的任何一部分，都算是加速。即使速度大小不变，沿着一个圆周运动也是在加速。

第一关 力学

为什么身上有水的动物可以通过摇晃身体把自己甩干？

甩干似乎只与水的加速度有关。动物摇晃身体，本质上就是把毛发来回甩动，让它们做圆周运动。圆周运动的速度越快，水具有的加速度也就越大。怎样才能让一个东西加速呢？记得我们在前面说过，你需要一个力来让它加速才行。对于毛发上的水来说，典型的摩擦力能够让它做圆周运动。如果你转得足够快，这种摩擦力就会抓不住水，无法让它们继续保持圆周运动，水滴就会飞散出去。然后，动物就把自己甩干了，变得更加开心——当然，除了鱼。

物理学小知识

对于一个做圆周运动的物体来说，加速度的方向指向圆周的圆心。

圆周运动的加速度，随着物体运动速度的增加而增加，但是会随圆周半径的增大而降低。

一头北极熊正在摇晃脑袋,让毛发做圆周运动,从而甩干自己。

第二关 声和光

从一个振荡的源头向外传播的振动：声波在物质介质中传播，光则在电磁场中传播。

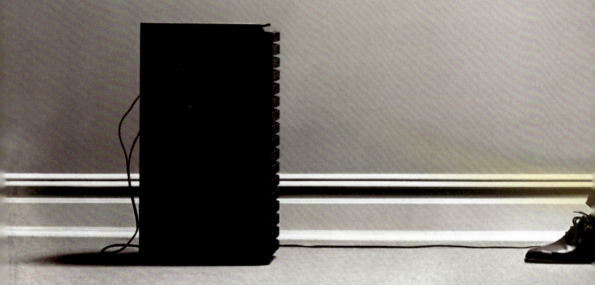

这张经典图片错误地将声音描绘成了像风一样。

物理学基础

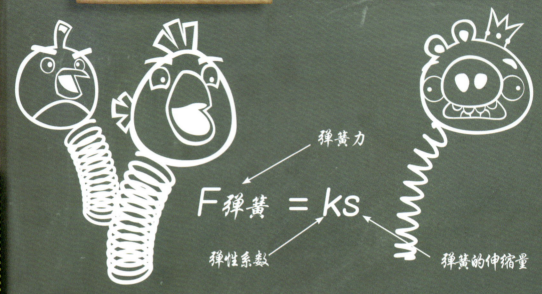

第二关 声和光

振动的质块

拿起一个弹簧（如果你没有弹簧的话，可以用一根皮筋代替），把它拉长，弹簧会缩回去。压缩一个弹簧，它又会反弹出来。拿起一小块重物，比如一块石头，把它挂在弹簧上，石头就会一动不动地挂在那里。不过弹簧会向上拉这块石头，拉力大小跟石头向下的重力一样大。现在，如果把这块石头往下拉一点，会怎么样？被拉长的弹簧施加在这块石头上的拉力，会比石头的重力稍大一点。如果放手，这块石头就会开始向上运动。但它不会一直向上运动——很快，它就会开始向下运动。我们把这种往复运动称为振动，这对于我们理解光是相当重要的。

描述波

我们说到波的时候,脑子里往往会浮现出重复某种运动的波,比如海洋里的波浪。在一个波中,不只是一个点的位置在移动,而是有许许多多。

我们可以用3个物理量来描述这些重复运动的波。第一个量是波速。只追踪海洋里的一道波浪,测量它从A点移动到B点的速度,你就会得到波速。第二个量是频率。假设你坐在高出水面的一块岩石上,数一数每秒经过这块岩石的波浪有多少,你就会得到频率。第三个量是波长。波长是一个波的顶点到下一个波的顶点的距离。无论是声波还是机灵鬼弹簧(Slinky,一种螺旋弹簧玩具)上的波,你都可以测量它们的波速、频率和波长。

$$v = \lambda f$$

波速　　　　频率　　　波长

物理学基础

第二关 声和光

声是什么？

当你抬起手前后晃动时，你就会推动空气（除非你是身处太空的宇航员或者海洋中的美人鱼）。尽管空气稀薄，但你的手也会撞上更多的空气，然后推动空气向前移动。结果就是，你把空气分子压缩成了一个波。

现在，假设你的手每秒能够前后晃动200次，你产生的空气压缩波就能够被其他人的耳朵听见。当然，你的手不可能做到这点，但你可以用声带、皮筋或者音叉做到这一点。这些东西都能够快速振动，产生声波。声音是一种波，它具有波速、波长和频率。如果提高声波的频率，人的耳朵就会把它理解成更高的声调。

有没有人知道声和光是类似的东西？

光是什么？

声是一种波，光也是一种波，但两者有所区别。设想一下，如果你把一间屋子里的空气抽干净，在空气中传播的声波又将怎么传播呢？答案是，声波传播不了。

声波通过空气传播，海洋上的波浪通过水来传播。如果光是一种波的话，它又是通过什么传播的呢？答案有些不可思议。它不通过任何东西传播——因为光本身就是一种波。光是电磁波的一种。它由电场中的振荡和磁场中的振荡构成，这两个场结合在一起，让光能够通过"空荡荡"的空间来传播。这也正是光能够离开太阳，照亮我们和绿色植物的原因所在。

波

你在家里就可以做出来一个波。拿一根长线,把它拉直后摆在地上。现在,揪住一头快速晃动。接下来会发生什么?你会看到一个漂亮的波沿着这根线在传播。因此,你能够看到波以位移的方式在传播。

如何制造人浪?

你大概有过在体育场里参与制造"人浪"的经历。从本质上讲,制造人浪的过程跟在线上晃出一个波来是一样的——人们起立再坐下,波则绕着体育场传播。重点在于,人本身并没有绕着体育场转圈;相反,是人们制造的骚动在转圈。不管是人浪、线上的波,还是声波或者光波——无论在哪一种波中,都是这些"扰动"在移动。

第二关 声和光

物理学在作怪

人浪可以在不到30秒的时间里,绕着一个中等规模的体育场转上一整圈,速度可达89千米/时(25米/秒)。全速向前跑的人要花上2倍多的时间,才能跑完同样的距离。

艺术体操运动员手里的缎带能够甩出一个波来,这是比赛的规定动作之一。

雷和电

你听说过有人会测量看见闪电和听到雷声的时间间隔吗？他们这么做是为了估算雷暴的距离，但这是如何做到的呢？

打雷发出的声音和闪电发出的亮光都是波。雷声是声波，闪电是电磁波。两种波本质上是同时形成的，但两种波具有不同的波速。如果你离一道闪电有16千米，光几乎一瞬间就传到了，但雷声要花差不多1分钟才能传到你这里。你离闪电越近，听到雷声的速度就越快。

第二关 声和光

如何计算你和一道闪电的距离？

来了，一道闪电！你看到了闪电发出的亮光。1，2，3，4，5……10。你数了10秒钟，然后——轰隆隆！你听到了雷声。由于声音在空气中每秒钟大约传播340米，这意味着闪电离你3.4千米。

闪电击中了加拿大多伦多的一座高塔。

物理学小知识

声音在空气中每秒钟传播大约340米。

声速实际上会随空气中的温度和湿度而发生变化。

全世界范围内,闪电出现的频率大约是每秒50次。

一道闪电最长可达5千米。

驻波

波是在某种物质中传播的，那么当一个波从一种物质的一端传播到这种物质的另一端之后，会发生什么？对于一根弦上的波来说，它会反弹回来。这就是你拨动一根吉他弦时会发生的事情。如果这是一个持续不断的波，一个波会被反射回来，另一个波则仍会朝着原来的方向继续传播。这根弦上就会有两个波朝着不同的方向传播。

两个波想要共享同一根弦的时候，会发生些什么？

在同一根弦上传播的两个波，既可以相互抵消，也可以彼此强化。如果一个波向上偏移，另一个波向下偏移同样的距离，它们就会完全抵消。如果两个波朝同样的方向偏移，这些偏移就会相加，形成一个更大的波。这被称为驻波。在一根吉他弦上，只有特定波长的波可以来回传播，而不会被反射回来的波破坏。正因为如此，拨动一根吉他弦才会发出如此悦耳的声音。

物理学在作怪

你用一根跳绳就能看到波的移动。找一个搭档，让他牢牢地抓住跳绳的一头，你在另一头上下晃动跳绳，这根跳绳上就会产生波。再让你的搭档用同样的方法在跳绳的另一头也试着弄出一个较小的波。

第二关 声和光

飞镖黄

准备,发射!

随时准备出击的飞镖黄是一只使命在身的小鸟,他的移动速度堪比闪电。飞镖黄自诩为怒鸟红的副将,急于证明自己的价值。有人说他过于亢奋,但他的鸟类同胞们仰仗着他的超音速巡航来保卫他们崇高的事业。由于猪猪们一直在密谋,构成了持续不断的威胁,而且飞镖黄还要跟长着羽毛的同胞们竞争副将的位置,所以他知道自己必须随时做好出击的准备。

美国飞行员
查尔斯·耶格尔

1马赫 = 340.29米/秒

名字:飞镖黄

飞镖黄的驱动力:所有能够威胁到他优势的东西

最喜欢的战术:移动速度快一点儿,再快一点儿

物理学在作怪:马赫数一般指飞行速度和当时飞行音速的比值。

第二关 声和光

海豚能够利用回声定位来捕食和导航。

固体和液体中的声波

你在游泳池里潜过水吗？有时你能听到水下的声音，但很难确定那些声音来自何方。而在水面以上，对于声音来自什么地方，你就会清楚得多。由于声音传播需要花时间，一只耳朵实际上可能会比另一只耳朵先听到某个声音。这意味着，两只耳朵听声音时存在细微的时间差，使我们可以大致确定声音的方向。

海豚如何在水中导航？

一些动物实际上会依靠声音来帮助它们弄清身边的状况。为了导航或寻找食物，海豚会发出一种音调较高的"吱吱"声。这些"吱吱"声在水中传播，遇到任何固体，比如鱼或者其他障碍物，就会反弹回来。声音传回到海豚这里花的时间越久，那个物体离海豚就越远。我们把这种空间定向的方法称为回声定位。

物理学小知识

- 声音在水中的传播速度约为在空气中的4.3倍。
- 潜水艇使用了一种跟海豚类似的技术，被称为**主动声呐**。
- 水下声呐装置的第一份专利，是在1912年申请的。
- 座头鲸发出的声音能够传播成百上千千米。

多普勒效应

我们知道声音是一种波,因此它会有波长。音调较高的声音的波长要比音调较低的声音的波长更短。但有时候,如果声音的源头在移动,就会发生一些有趣的事情。

第二关 声和光

靠近和远离你的摩托车的声音,听起来不一样。

VVVVVVVRRRRRRRRC

为什么摩托车从你身边驶过时，发动机的音调会改变？

设想一辆摩托车轰鸣着，以某个恒定不变的速度，自左往右从你身边驶过。发动机会先产生出一个声波，然后在发动机产生出下一个声波之前，摩托车就会离你更近一些。与固定不动的摩托车相比，朝你开过来的摩托车发出的声波波长似乎就会更短一些，这被称为多普勒频移。摩托车靠近时，发动机的声音会经历多普勒频移，音调会变高；当它驶离你时，音调听上去会变低。摩托车的速度越快，多普勒频移就越明显。移动的波源产生的任意类型的波，都会出现这样的多普勒效应。

物理学在作怪

气象站用的多普勒雷达，会测量从天气系统上反射回来的雷达波在频率上的变化。通过测量这种频率变化，雷达系统就能够测定一个天气系统是在靠近天线，还是在远离天线。

夜视

在一间漆黑的屋子里，你会遇到什么？通常你的眼睛会先适应微弱的光线，然后你就能看见东西。如果屋子里纯黑一片，你就会什么东西都看不见。但完全黑暗是很少见的。在你的屋子里，你的闹钟上可能会有一些细小的光点。只要有一点点光，我们就能看见。就算是夜空中的星星透过窗户把光照进来，也能让你的屋子有足够的光，而不至于完全黑暗。为了能够看到

第二关 声和光

物理学小知识

光源强度的计量单位是坎德拉（cd）。

东西，光必须在一个物体上反射，然后传播到你的眼睛里。总之，如果没有光，我们就什么也看不见。

夜行性动物如何在黑暗中看见东西？

夜行性动物通常都有一对大眼睛。眼睛越大，它们就能收集更多暗弱的光，看清周围的环境。那山洞里的蝙蝠又该怎么办呢？山洞里几乎没有任何光线。蝙蝠利用跟海豚类似的回声定位，解决了这个问题。

你在完全黑暗的环境里会看到什么？一片漆黑。

猫头鹰的视力高于人类几十倍到上百倍。

点燃一根小小的蜡烛，发出的烛光**强度**大约是1坎德拉。

红外光

第二关 声和光

或许我之前没有把事情描述完整。我说过，为了让我们能够看见某个东西，光必须从它身上反射。那么，灯泡又如何呢？光并不是从灯泡上反射的。相反，灯泡是自己发光的。事实上，所有的东西都会发光——就连你也会发光。不过，这种光并不总是我们能够看见的那种光。如果波长比红光更长，我们的眼睛就看不到它了。我们称这种光为红外线。不过，就算你看不见它，你也可以用一台特殊的相机检测到它。

红外光为什么如此特别？

一个物体发光的颜色由它的温度决定。我们看到的大多数物体（就是反光的那些），它们发出的光都在红外区域。因此，测量某个物体发出的红外线就能知道它的温度。这也是耳温计的工作原理。

如果一个物体变得非常热，它发出的光就会移入可见光范围，开始是红色的。如果你继续升高温度，它就会变成白色甚至蓝色。

物理学小知识

- 电视机遥控器使用的就是波长较短的近红外线。
- 有些快餐店使用能够发出红外光的灯来给食物保温。
- 响尾蛇有能力检测红外光，来捕获温血猎物。
- 人体发出的红外光波长大约是10微米。

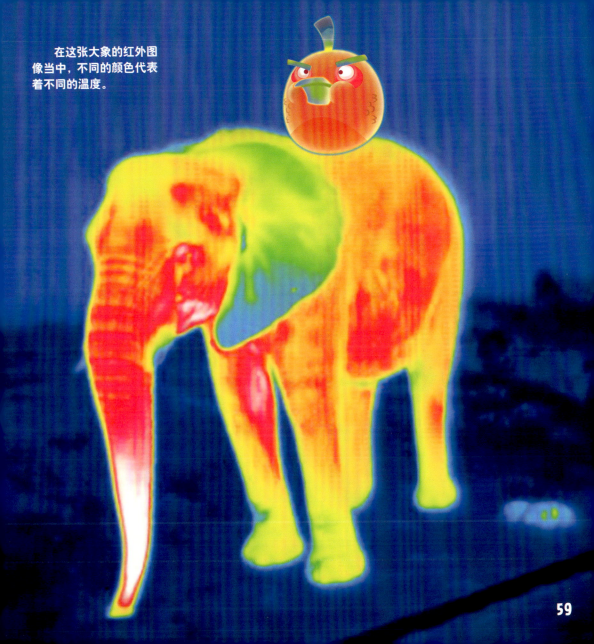
在这张大象的红外图像当中,不同的颜色代表着不同的温度。

白公主

先有灵气,再愤怒

只要拥有和平、爱情,以及能够随意取用的蚯蚓,白公主就能唱出她那欢快的曲调。优雅自信的白公主从来不会暴跳如雷,但到处搞破坏的猪猪们真的把她给惹火了。尽管她希望世界和平,不过若是形势所迫,谁都知道她会变得极具攻击性。白公主敬畏所有闪闪发光的东西,相信那些光波会赐予她特殊的能量。她从每一道明亮的光线及其折射光线的能力中汲取灵感,照亮森林的每一个角落。

阿拉伯科学家
海什木

$$n_1 \sin\theta_1 = n_2 \sin\theta_2$$

折射率1   (入射角)   折射率2   (折射角)

名字:白公主

白公主的驱动力:就像光波一样,她会依据自己的外境随机应变

最喜欢的战术:维持和平

物理学在作怪:折射定律描述了光波从不同介质(比如水和玻璃)的边界穿过时,入射角和折射角之间的关系。

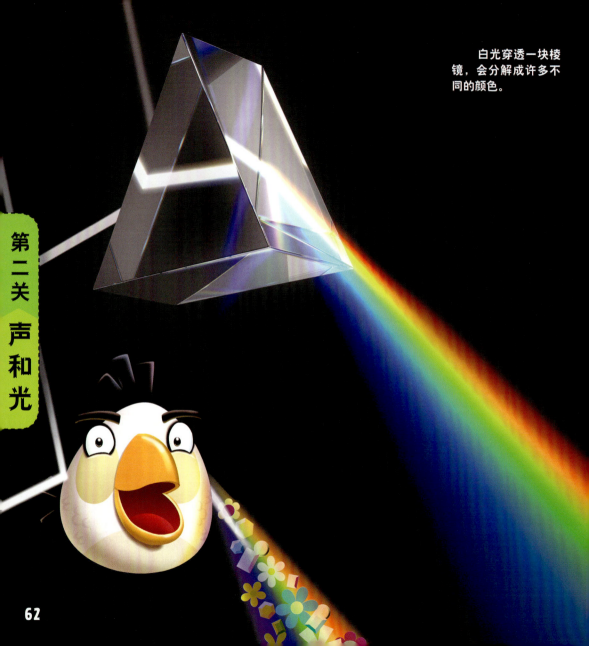

白光穿透一块棱镜，会分解成许多不同的颜色。

第二关 声和光

混合光线

白光穿透一块玻璃时，会发生什么？它会弯折。我们称之为折射。折射发生时，不同颜色的光弯折的程度各不相同。如果有一块形状适合的玻璃，你就能把白光分解成彩虹中所有颜色的光。尽管它们的颜色是连续变化的，我们通常还是会把它们标为红、橙、黄、绿、蓝、靛和紫。

红苹果看上去一定是红的吗？

如果你用白光照亮一个苹果，苹果会吸收光谱中的除了红色以外的其他颜色。因此，只有红色被反射出来并进入你的眼睛，所以苹果看上去就是红的。可是，如果你用蓝光照亮一个红苹果，会发生什么事情呢？由于没有红色的光可供反射，苹果也不会反射其他颜色的光，所以苹果看上去就是黑的。

物理学小知识

- 可见光的波长是以纳米为单位衡量的——1纳米等于 10^{-9} 米。
- 红光的波长大约是650纳米。
- 紫光的波长大约是400纳米。
- 用一块棱镜或者一个衍射光栅都可以把白光分解成各种基本色。

彩虹

不管你相不相信，彩虹并不是由魔法尘埃构成的。相反，它们是由光和微小的水滴构成的。当光照射到这些小水滴上，从空气进入水滴内部时，就会发生折射。还记得光在折射时，不同的颜色弯折的程度会不一样吗？光被分解成所有的基本色，再从水滴中反射回来，就产生了彩虹这种自然现象。

第二关　声和光

我们

喜欢

你经常会在阵雨之后看见彩虹，因为阳光照射在雨滴上就会形成彩虹。

彩虹只会出现在天空中吗？

你在家里也可以制造彩虹。你需要的只是阳光和一根可以喷出一些水雾的水管。走到你家院子里被阳光照亮的地方，然后用水管喷洒出水雾。从不同的角度观察水雾，你就会看到彩虹的颜色。很可惜，你不会在彩虹的尽头找到一罐金子。

物理学小知识

幻日跟彩虹类似，但它是出现在太阳两侧的亮斑，由天空中的冰晶形成。

光在照射类似水面的这种介质时，既会发生折射，也会发生反射。

光的角度适合的话，你会看到双层彩虹。

望远镜聚焦光线的方式，既可以是用反射镜反射光线，也可以是用透镜折射光线。

美洲豹的眼睛看上去就好像是后向反射镜。

第二关 声和光

后向反射镜

在漆黑的夜里开车的时候,你有没有留意过潮湿的路面?在那种情况下,你很难看见路面。为什么呢?我们以前说过,为了看见某个东西,光必须要进入眼睛才行。当光接触到不光滑的表面时就会反射,但不只是朝一个方向,而是向所有方向反射。但当光照射到平滑的物体时,比如潮湿的路面,光以什么角度照射到路面上,就会以同样的角度再反射出去。这意味着,几乎不会有什么光进入你的眼睛。

怎么让物体在黑暗中更容易被看见呢?

如果你用一个手电筒直直地照射一面镜子,光就会反射到你身上。然而,如果你偏一个角度再去照镜子,光就反射不回来了。

怎么样才能让你更容易地在黑暗中看清路面呢?解决这个问题的办法就是后向反射镜。后向反射镜反光的方式跟镜子不同。相反,光从哪个方向照到它,它就会把光反射回哪个方向。制造后向反射镜的一个方法就是在某个物体(比如停车标志)上,贴满细小的玻璃珠。

物理学小知识

- 跑鞋上一般会配有反光条。
- 小船上会安装大型金属后向反射镜,以便让雷达更容易找到小船。
- 宇航员在月球上安置了一块后向反射镜。它被用来测量地球到月球的距离。
- 你可以购买后向反射镜胶带,把它粘到你想在晚上更容易看见的东西上面。

第三关 热力学

物理学中研究热量以及它与机械能之间的转换的一门分支学科。

怒鸟红提升到了新的高度。

物理学基础

物理学在作怪

拿一些盐，看看最小的盐粒。就算是最小的盐粒，其中的原子也多达上百亿亿（10^{18}）个。

物质是什么？

如果拿起一块石头，把它砸成两半，你就会得到两块更小的石头。你可以永远这样砸下去、把石头变成越来越小的石头吗？事实证明，你做不到。最终，从某种程度上来讲，你得到的小块已经小到不能再分了。这些小块被称为原子。如果你喜欢，你可以把这些原子当成是所有物体最基本的构建单元。你不可能真正看见这些原子，因为它们真的非常小。事实上，把1000万亿个原子摆成一排，才只是一个大头针针尖的大小。

就像我说的，原子通常是不可再分的，但你可以把它们打破。如果这样做了，你就会发现它们全都是由区区3种更小的小块构成的——质子、电子和中子。

第三关 热力学

物态

我们可以把物质想象成是由小球构成的。当然,这只是一个模型,但这是一个有用的模型,我们可以用它描述水。

水,和大多数物质一样,能够呈现出3种物态:固态、气态和液态。在室温下,水处于液态。如果能够观察到水分子,你会看到它们之间可以自由移动,尽管它们仍紧紧地靠在一起。如果你把水加热到沸腾,它就会变成一种气体——蒸汽。处于气态时,分子到处运动的速度要快得多,彼此之间的距离也可以拉得更远。或者,如果你把水温降得足够低,它就会结冰,变成一种固体。处于固态时,分子紧靠在一起,跟处于液态时非常相似。

物理学基础

温度

让我们回到液态水那个例子当中。冷水和温水之间有什么差别呢？如果你能够观察水分子，你会发现冷水和温水看起来非常相似——最大的区别在于，分子在温水里运动的速度要比在冷水里更快。我们的小球物质模型同样如此，物质的温度越高，小球运动得就越快。

将一罐冰汽水在温暖的桌子上放一段时间，桌子和汽水就会拥有相同的温度，但它们拥有的能量并不相同。确实，这是定义温度的一种方式。它是两个物体接触时所共有的一个特性。

当两个物体达到相同的温度时，我们称之为热平衡。这也正是温度计的工作原理。你把温度计放在某个东西上，比如你的舌头下面，过一会儿，它就会达到跟你的舌头同样的温度。

第三关 热力学

> 热量不能自发地从低温物体传到高温物体——热力学第二定律。
>
> ——德国物理学家 鲁道夫·克劳修斯

压强、体积和温度

对于体积的基本定义，我觉得我们都能达成一致，那就是某个东西所占据的空间大小——除非，我们谈论的是气体。气体的体积通常是由装盛这种气体的容器的体积来决定的。

压强就没有这么直观了。压强和压力很容易混淆，但它们是不一样的。举个例子，把你的手张开，按到一面墙上。现在，用同样的力推这面墙，但是只用一根手指。压力或许是相同的，但压强不一样。由于手指的接触面更小，它对墙的压强会更大。

气体也会给表面施加压强。在气体的小球模型中，压强可以看成是小球在容器壁上不断反弹的结果。如果你升高气体的温度，容器壁就会受到更多更强力的碰撞，因此压强也会上升。

我想知道，炸弹黑知不知道所有的这些事儿……

仙女棒烟花会放出温度非常高的火花。

第三关 热力学

能量与温度

温度越高的东西,拥有的能量也越多吗?看上去似乎是这么回事儿。事实上,如果分子运动得更快,它们确实会具有更高的动能。但是,尽管物体中的粒子动能或许真的提高了,但总能量取决于这个物体中有多少粒子。

为什么有些高温的东西不会烫伤你?

比如说,你大概很熟悉节日里玩过的一种叫"仙女棒"的烟花。这些仙女棒会喷出火花,闪闪发亮。这些火花之所以会发光,是因为它们的温度都非常高——大约有1100℃。那么这些火花会不会烫伤你呢?答案令人吃惊——不会!虽然这些四下飞散的火花温度很高,但它们的质量实在太小了,因此每一个火花所携带的热能也很小,几乎没有能力烫伤皮肤。

物理学小知识

- 水是一种有用的冷却液,因为要消耗大量能量才能让它改变温度。
- 铁的熔点是1540℃。
- 阿波罗飞船太空舱的表面温度在重返大气层时可以高达2760℃。
- 同样质量的水和钢,若改变相同幅度的温度,水所需的能量是钢的4倍。

热能传递

你觉得多低的温度算得上冷？当然不会是微风拂面、阳光灿烂的21℃户外吧！那21℃的水呢？告诉你，那样的水还挺冷的。为什么水的温度其实跟空气的一样，感觉起来却这么寒冷呢？因为我们的身体真正"感觉"到的，不是温度，而是热能的改变。

能量是从热传到冷，还是从冷传到热？

能量传递有多快呢？呃，这取决于两种物质是什么，还有它们的温度相差多少。温度相差越多，热能传递得就越快。有趣的是，当两个物体接触时，热量总是从温度较高的物体传向温度较低的物体。你以前把一瓶冰汽水放到柜台上时，肯定见过这种现象。汽水的温度会升高，热能在增加，这些能量来自于周围温度更高的环境。

第三关 热力学

物理学小知识

- 卡路里是热量的单位，相当于把1克水的温度升高1℃所需的热量。
- 1颗10卡的花生，燃烧时会产生10,000卡路里的能量。
- 墨西哥湾暖流把温水带到欧洲附近的北大西洋，热量在那里传递给空气，温暖了欧洲大陆。

在寒冷的环境中,人类需要额外的隔热措施来保护自己。

用一把传统的木弓来摩擦木头,就可以生火。

第三关 热力学

摩擦和热能

任何运动的物体都有动能。但是，当一个物体与别的东西摩擦，导致它的速度慢下来时，发生了什么呢？记住，能量不会被摧毁，只会转变成其他形式。如果说动能降低了，热能便会增加。

怎么用木棍生火？

把两根木棍紧靠在一起做相互运动，它们之间就会发生摩擦。你可以凭借自己的力量让两根木棍以恒定的速度做摩擦运动，但持续不断的能量转换会让两根木棍变热。如果你坚持一段时间，它们就会热得足够烧出一把火来。

物理学在作怪

你不用木棍就能演示这一点。把你的双手合在一起非常快速地摩擦。然后，把双手贴到你的脸颊上。你应该能够感觉到双手变热了。

火

什么是火？假设你有一小块正在燃烧的木头。很明显，它同时以光和热的形式在散发能量。但是，这种热能是从哪里来的呢？灰烬里包含着一些木头里同样有的物质。在燃烧的过程中，木头已经被分解了，化学能被释放出来后变成了热能。

火焰的颜色和形状由什么决定？

为什么会有光能？实际上有两种不同颜色的火焰。对于一根蜡烛或者一块燃烧的木头来说，橙色的光来自木头释放出来的烟尘小颗粒。这些烟尘非常热，能像其他炽热物体一样发光。如果你观察燃气灶的火焰，会发现它是蓝色的。因为没有烟尘颗粒，也就不存在橙色的火焰了。

火焰的形状又是怎么回事呢？火把空气加热，受热的空气上升，同时带动火焰也向上运动。如果你在失重环境下点燃一根火柴，火焰就不会是尖尖的顶端，而是呈球状向所有方向膨胀。

第三关 热力学

物理学小知识

- 燃烧需要燃料、热量和氧气3个要素。缺少任何一个，都不会燃烧。
- 燃烧1千克的煤炭会释放约2900万焦耳的能量。
- 蜡烛灯芯将融化的蜡带入火焰。火焰燃烧的是蜡，而不是灯芯。

第三关 热力学

炸弹黑

炸飞!

炸弹黑一直气鼓鼓的,因为他一不小心就会气到爆,所以炸弹黑要尽量保持冷静。但是一看见猪猪,他就会怒火中烧——而一旦炸弹黑发怒了,就谁也拦不住他了。他就像硝化甘油一样,一点儿也不稳定,而且他爆发的后果也一样具有破坏性。炸弹黑在消灭敌人时可能是最好用的武器,但是他的火爆脾气让他很难交到朋友。当这只愤怒的小鸟引爆的时候,你最好还是躲远点儿。

瑞典科学家
阿尔弗雷德·诺贝尔

$$C_3H_5N_3O_9 \text{ (硝化甘油)}$$

名字: 炸弹黑

炸弹黑的驱动力: 内部压力

最喜欢的战术: 全部歼灭

物理学在作怪: 化合物分解释放的能量产生压力波,引爆周围的燃料。

等离子体，第四种物态

第三关 热力学

拿一些冰块，最好是一些特别凉的冰块。现在，加一些能量来提高它的温度，然后冰会达到熔点，变成液态水。如果你继续增加能量，液态的水会再次改变它的状态，最后成为气体。

如果持续不断地加热蒸汽，会发生什么呢？

在某一点，水的能量会变得非常大，导致氢原子和氧原子没有办法再待在一起构成水分子。而且，你只会得到一团由独立的氢原子和氧原子构成的集合。即使到了这一步，你也还是可以继续增加能量。最终，原子中的电子会被释放出来，转变成另一种被称为等离子体的物质。

物理学在作怪

虽然看起来，你似乎很难接触到等离子体物质，但等离子态其实是宇宙中的物质最常见的状态。

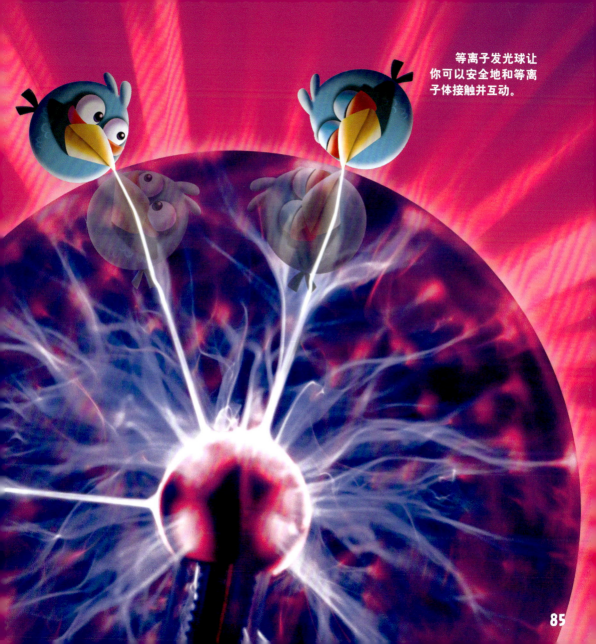

等离子发光球让你可以安全地和等离子体接触并互动。

把冰融化和做冰激凌

第三关 热力学

冰一直都是很有用的东西。如果把冰块放进一杯水里,就会发生一些变化——冰块会融化成液态的水。这种物相的转化需要额外的能量。唯一的能量来源就是那杯水,所以冰块融化的过程会迅速降低水温。

你能让冰更凉吗?

冰块有一个问题,就是你不能用它把物体降温到水的冰点(大约0℃)以下。实际上,有一个小花招可以让冰块变得很酷——它既可以做冰激凌,又可以让结冰道路变得安全。如果你往冰块里撒盐,就会发生化学反应,这种化学反应能够帮助我们做到两件事:第一件,它会让冰块更冷,这一点可以用来自制冰激凌;第二件,它会降低冰融化的温度。这意味着,就算温度低过了冰点,往结冰的路面上撒盐也有助于冰的融化。

物理学小知识

- 把固态冰变为液态水所需的能量,大概是把同样多的水加热到沸点所需能量的10倍。
- 往冰里加盐,能够把温度降到-18℃。
- 加了盐的冰,温度可以低到足够"灼伤"你的皮肤。
- 水是冻结成固态后,能够漂浮在液态表面上的唯一一种物质。

运动员喜欢穿方便透汗的衣服,这样比较凉快。

第三关 热力学

> 汗流浃背的感觉真爽!

蒸发降温

你可能不喜欢出汗,但是出汗很有用——能让你凉快下来。当你流汗的时候,身体把水分释放到皮肤上。这部分水分在从液态转化成气态的过程中,会从你的身体里吸收热能。你失去了这些热能后,就会凉快下来。

出汗总是会帮助你降温吗?

湿度对出汗降温的效果起到了重要作用。如果很潮湿的话,空气中已经有大量气态水(我们通常称之为"水蒸气")。在这种情况下,并不是所有的汗水都会被蒸发掉,这就会让你的衣服湿淋淋的,没有人喜欢这种感觉。如果空气特别干燥,你可能都感觉不到自己在出汗,因为汗水完全被蒸发掉,皮肤是干燥的。无论是哪种情况,你都要记住:天热要多喝水,补充身体因为出汗而流失掉的水分。

物理学在作怪

衣服也可以通过蒸发水分来降低温度。如果拿一件湿衣服盖在一瓶水上,衣服上的水分会被蒸发,降低瓶里水的温度。

等不及要吃爆米花了!

热膨胀

第三关 热力学

如果加热一只冷气球，会发生什么呢？按照气体的小球模型，随着温度升高，气球里的这些"小球"会运动得越来越快。小球运动速度加快意味着它们对气球的推力也会变大，并导致气球膨胀。

热膨胀会带来问题

在某些情况下，这种热膨胀可能会是一个需要引起警惕的问题。在炎炎的夏日，桥梁会热膨胀。现代桥梁的构件之间预留了一定的空间，来容纳这种膨胀。如果没有这些允许伸缩的接缝，桥梁在夏天就会受热拱起来，发生变形。火车的铁轨也如此。

而在另一些情况下，热膨胀是很有用的。比如老式的恒温器，会用一个金属条来启动或关闭空调。温度上升时，金属条会膨胀，像一个开关一样把机器打开；温度下降时，金属条又会缩回到原来的大小，关闭机器。

物理学在作怪

在某种程度上，你可以说热膨胀创造了爆米花。当一粒玉米被迅速加热时，它内部的水分会变成蒸汽。这些蒸汽让玉米粒"爆"了起来。

玉米粒内部的水分变成蒸汽,让玉米粒"爆"了起来。

神鹰

热浪袭来

神鹰看起来就像是一团燃烧着愤怒的火焰，在他自己的挫折中沸腾。一场场失败使得他的幻想早已破灭，这只年长的鸟儿生活在孤独当中，掩饰着昔日未能保护住鸟蛋的耻辱。他独自坐在山顶不受打扰，储存着能量。当你看见他露出愤怒的端倪，请提防他达到临界点的那一刻。神鹰很少爆发，但是他的愤怒是一股热浪，一旦爆发足以把整座山熔化。

法国物理学家
尼古拉·莱昂纳尔·萨迪·卡诺

$$\Delta L = L_0 \alpha \Delta t$$

长度变化量 ← ΔL
初始长度 ← L₀
线膨胀系数 ← α
温度变化量 ← Δt

爆米花

名字：神鹰

神鹰的驱动力：入侵者和捕获到的沙丁鱼让他情绪高涨

最喜欢的战术：燃烧

物理学在作怪：物质的体积会随着温度的改变而改变。

隔热

第三关 热力学

一些哺乳动物如何能够在极度寒冷的天气中存活下来呢?如果把一只温暖的动物放到雪地上,它应该会相当迅速地散失热量。但对于大部分长有皮毛的哺乳动物来说,皮毛就是它们的保暖高招。因为皮毛是一种隔热层,这种隔热层会降低热能从热的物体向冷的物体转移的速度。而且,皮毛囚禁了皮肤附近的空气,这些被囚禁的空气也会起到隔热层的作用,就好像冬天你穿的外套。

企鹅有着由羽毛和空气组成的天然隔热层,人就没有这么强了。

毛毯只是保暖吗?

如果你把一条毛毯盖在一杯冰汽水上,会发生什么呢?这杯汽水会比不盖毛毯的汽水热得更快吗?不——恰恰相反。记住,毛毯是隔热体。它会减慢热能传递的速度,让汽水能长时间保持冰凉。毛毯同样会给热的东西保暖。基本上,这也是保温箱的工作原理。

物理学小知识

为了在水里保温,人们一般会穿潜水服。

羽绒服通过囚禁皮肤周围的空气来帮助人们隔离寒冷。

潜水服(通常是橡胶材质)通过囚禁皮肤和潜水服之间的空气,起到了隔热层的作用,让你的身体的温度保持在原来的状态。

特别冷的东西

第三关 〔热力学〕

人们都知道冰是冷的。冰的温度是0℃，或者更低。除了我们之前讨论过的加了盐的冰之外，有什么东西要比冰还冷呢？"干冰"怎么样？干冰特别冷，至少要低于-79℃才能冻结成固体。

也许你认为，你永远也不会需要比干冰还冷的东西，但是这可不一定。有一种特别的应用需要的温度，就要比-79℃低得多：这便是超导体。超导体是一种有着有趣电子和电磁特性的低温物质。如果你想创造一个极强的磁场，唯一的方法可能就是使用超导体了。你为什么会需要这种强磁场呢？一个比较常见的应用就是医疗成像设备，比如说MRI（磁共振成像）。

大部分超导体要在-269℃以下才能发挥作用。如果你觉得干冰已经够冷了，那么这种温度就是超乎想象的寒冷了。

物理学小知识

你用来充气球的氦气，也被用在磁共振仪的超导磁体里。

氮气难溶于水，在常温常压下，1体积水中大约只溶解0.02体积的氮气。

液氮不像液氦那么冷，氮在-196℃下就会变成液态。

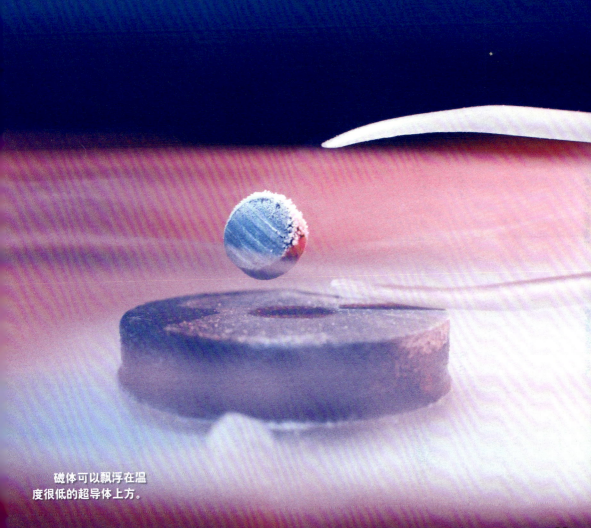

磁体可以飘浮在温度很低的超导体上方。

第四关 电和磁

物理学中研究电荷和物体间吸引力的一门分支学科。

如果在地球两极附近露营,你可能会在天空中看到极光。

物理学基础

第四关 电和磁

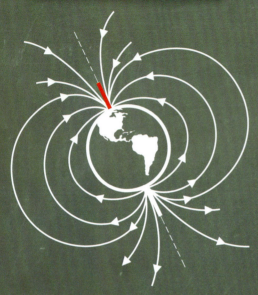

电磁场

玩磁铁是一件很有意思的事情。拿两块磁铁,让它们相互靠近。两块磁铁甚至不用接触,就能相互作用,感觉就像魔法一样。电荷也可以做同样的事情。拿一个气球在你的上衣上摩擦几下,再把气球靠近头发。同样不需要接触,头发就会被气球吸引。

这些东西是怎么做到不用接触就相互作用的呢?答案是"场"的作用。在任何一块磁铁周围,都有一个磁场。场是什么?你可以把场想象成环绕在一个物体周围的作用区域。当两块磁铁靠近的时候,不需要直接接触彼此,它们的磁场就可以相互作用。电荷会产生电场,也有类似的作用。那么引力呢?你不需要接触地球,就能够被它吸引。没错,地球产生的是一个引力场。

基本电荷

拿起一个苹果或者一支铅笔。这些东西，以及其他所有你拿得起来的东西，都只由3种粒子构成。它们是带负电荷的电子、带正电荷的质子和不带电荷的中子。大多数物体有着相同数量的电子和质子。这使得它们的总净电荷为0，或者说处于电中性。

电子和质子被称为基本电荷。为什么呢？我们来举个例子。如果你拿一个气球在头发上摩擦，会怎么样？你的头发和气球都将带有静电荷，因为头发上的一些电子被转移到了气球上。你可以转移1个电子、2个电子甚至50亿个电子。然而，你转移不了半个电子。电子是你能够拥有的电荷的最小单位量，这就是我们称它为基本电荷的原因。

我有点儿像质子：在愤怒之前都是很稳定的！

物理学基础

第四关 电和磁

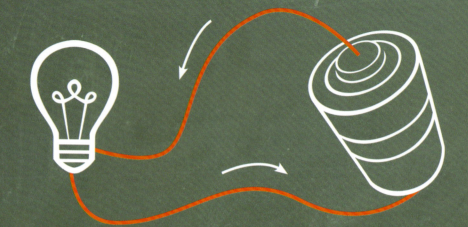

电流

拿一个普通的手电筒。你按下开关，就会发生某些事情让灯泡发光。在这个例子当中，有电流从手电筒的电池中流出、穿过灯泡，又回到了电池中。但什么是电流呢？几乎所有的电流，都是负电荷的运动。我们在谈论电流时经常会用到"流"这个字，因为许多与流水相关的想法同样可以应用于电流。

想象一下流过管道的水。如果这些水被用来转动一个轮子，水还是同样的水，不会被"用完"。电流也是如此。电流可以做有用的事情，比如点亮灯泡或是旋转电机，但电流也不会一下子被用完。

磁铁

如果摆弄一块条状磁铁，你可能会注意到一些事情。首先，磁铁的两端并不相同。我们把这两端分别称为"南极"和"北极"，原因我会在后面解释。如果你把一块磁铁的北极靠近另一块磁铁的北极，它们会互相排斥。

如果把一块条状磁铁切成两段，会发生什么？事实证明，每一小段都会变成一块更小的磁铁，拥有自己的南北两极。你不可能只得到单独一个磁极。一块磁铁只要有北极，就会有南极。

拿起一块磁铁，检查它和其他材料间的相互作用。金属会被吸引吗？你会发现，有些金属会被吸引，特别是铁和钢。我们将这些材料称为铁磁体。其他一些材料，比如铝和铜，就不会和磁铁发生相互作用。

笨猪猪！他在一块磁铁下面走呢。

一个带静电荷的气球，会跟猫咪的毛发生相互作用。

第四关 电和磁

静电

一只带电的气球,是带有额外的负电荷,还是带有额外的正电荷呢?你能够用来确定答案的唯一方法,是让它靠近另一个电荷已知的物体。带有同性电荷的物体会互相排斥,异性电荷会互相吸引。

电荷靠近一个电中性物体时,会发生什么呢?

假设你拿起一个气球,在衬衫上摩擦生电,再把气球靠近猫的毛发,毛发会被这个气球吸引。就算毛发是电中性的,它也可以被这个带电的气球所吸引。电荷可以到处移动,正电荷要比负电荷更接近气球一点点。距离更近的电荷,作用力也就更强,从而在两个物体之间产生吸引力。如果把带负电荷的气球换成一片带正电荷的塑料,也会发生完全一样的事情。

物理学在作怪

拿一支塑料笔或一把梳子在头发上摩擦,它们就会带有电荷。然后,把一些纸撕成碎片放在桌上。如果把带有电荷的塑料靠近这堆纸屑,它们就会跳起来粘到塑料上。

引力PK电场力

第四关 电和磁

我在前面说过,引力是有质量的物体之间的相互作用(基本上,所有你能想到的物体都有质量)。电场力则是带有电荷的物体之间的相互作用。它们有两大不同点。

引力和电场力哪个更强?

电荷和质量之间明显的差别就在于:电荷分为两种(正电荷和负电荷),所以电荷间会吸引也会排斥;但质量只有一种,所以引力只会让物体相互吸引。

事实证明,粒子之间的电场力相互作用明显强于引力相互作用。然而,我们会更经常地注意到引力,这是因为像地球这样的巨大物体会累积出更大的引力。

物理学小知识

- 太阳对月亮的引力,大于地球对月亮的引力。
- 1968年,"阿波罗8号"的宇航员成了第一批离开地球轨道的人。
- 重力和电场力都遵循平方反比定律,强度随着距离的增加而减弱。
- 小小的泡沫填充颗粒有可能积累到足够的静电荷,让电场力抵消引力,从而飘浮在半空中。

月亮绕着地球转,是因为引力相互作用。

第四关 电和磁

大红

一鸟值千言

如果沉默是金,那么大红就太值钱了。因为他有着不好的回忆,所以他拒绝讲话,隐世独居。他挤压任何挡住他路的物体,以此来疏导自己的能量。就像金属被磁铁吸引一样,大红也被他的对手所吸引,通过放电进行攻击。他那愤怒的电流创造出一个不可阻挡的力量场,而默不作声的进攻又让他的敌人措手不及,直到——"吱"的一声!

英国物理学家
迈克尔·法拉第

$$E = -n \, d\Phi/dt$$

- 感生电动势
- 表示方向
- 线圈圈数
- 磁通量
- 时间

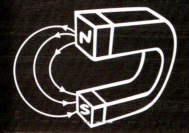

名字: 大红

大红的驱动力: 正极(他的同伴小鸟)和负极(猪猪)

最喜欢的战术: 从不暴露弱点

物理学在作怪: 电线里的电流会在电线周围创造出一个环形磁场,它的方向(顺时针或逆时针)由电流的方向决定。

动物和电

嘿,我是一条鲨鱼,这片水可太黑暗了,要是有办法找点鱼来吃就好了。哦,还真有!一些动物,包括双髻鲨之类的鲨鱼,有能力探测到电场。

为什么动物周围会有电场?

对于很多动物来说,大脑通过神经系统来联系肌肉,而神经系统使用的是电信号。正是这些电信号以及动物体表上的电荷,能够被某种鲨鱼或其他鱼探测到。

还有一些海洋动物有能力产生电压。电鳗实际上就像把许多节电池连接在一起。有了这种本领,电鳗就能放电击晕附近的猎物。

第四关 电和磁

物理学小知识

- 电鳗能够产生相当于300节1.5V的7号电池的电压。
- 会放电的鱼除了电鳗,还有一种电鳐和一种电鲶。
- 在18世纪80年代,路易吉·伽伐尼发现,通电能够让已经被解剖的青蛙的腿动起来。

双髻鲨的头形状奇特，可用来帮助它探测猎物。

垃圾场里巨大的电磁铁可以用来移动钢件。

第四关 电和磁

电流和磁场

只有磁铁才有磁场吗?事实上,不是这样的。电流也会产生磁场。你可能已经见过简单的电磁铁,它只不过是一个连接到电池上的线圈。如果你把电线缠绕在铁钉上,就会制作出一个更棒的电磁铁。你可以用它吸起几个回形针。如果你断开电线,这个磁场就会消失。

电和磁铁可以做什么?

假设你有一个线圈,把它靠近一块磁铁。如果这个线圈里的电流不断地变化方向,它会交替推、拉这块磁铁。随着电流的高频率变化,磁铁也会发生高频率的运动。你能猜到接下来会发生什么吗?声音!振动的磁铁推动空气发出的声音。这样,你就有了一个扬声器。

物理学小知识

- 垃圾场里的电磁铁能够吸起一辆小汽车。
- 电磁铁是19世纪20年代由威廉·思特金发明的。
- 电磁铁也被用来让你的手机振动。
- 漆包线被用来制作电磁铁。它有一个涂层,使电流形成环路,产生更强的磁场。

磁铁和电流

你可以用电流做一块电磁铁,你可以用磁铁产生电流吗?实际上是可以的。一个变化的磁场会在闭合线圈中感生出电流。

磁铁和电线可以做什么?

设想有某种方法可以让一块磁铁在一个闭合线圈附近不停地转动。当然,这可能有点费劲。你可以找个人来转动磁铁,或者放在风车上用风力来推动它。事实上,几乎所有公用设施所产生的电都是通过这个过程来实现的。比如,所有的发电厂都有着某种类型的旋转磁铁,只不过它们用来旋转磁铁的方式各有不同罢了。

第四关 电和磁

物理学小知识

- 大部分发电厂用蒸汽来转动磁铁发电。
- 煤电厂燃烧煤炭来产生蒸汽。
- 核电站利用核反应堆来产生蒸汽。
- 1821年,迈克尔·法拉第率先探索了磁和电之间的关系。

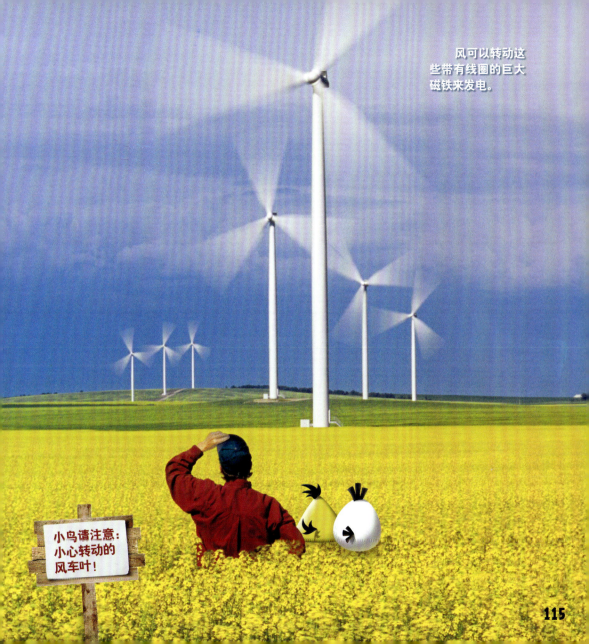

在智能手机出现之前,人们用磁罗盘来导航。

第四关 电和磁

地球是块大磁铁

古时候的旅行者用天然磁石识别方向。天然磁石是一种特殊的石头。如果你把它悬挂在一根线上,无论你站在哪里,它最后总会指向同一个方向——北边。你可能已经猜到,天然磁石是一种天然带磁性的石头。这是最早的磁罗盘之一。

为什么罗盘针指向北方?

如果你把两块磁铁放在一起,一块磁铁的北极会被另一块磁铁的南极所吸引。异性相吸,磁罗盘也是如此。罗盘里面那根会转的针,就是一块小磁铁。这根针的北极会被另一块巨大磁铁的南极所吸引,我们习惯将那块大磁铁称为"地球"。

物理学在作怪

要想自己做一个罗盘,你需要一根钢钉或者钢针,然后用磁铁的一端来摩擦它。当你把这根钢钉或者钢针放在一个能浮在水面上的东西上时,指针应该会指向北方。

极光和太阳风

这是另一个神奇的现象,能够证明地球具有磁性——北极光和南极光。这些光展现出了太阳与地球之间美妙的相互作用。

太阳发出的不只是光,它还会经常喷射带电粒子——主要是质子和电子——我们称之为太阳风。运动的带电粒子本质上和电流是一样的。还记得电流在磁场中会发生什么吗?没错,会出现相互作用。

第四关 电和磁

在加拿大不列颠哥伦比亚看到的北极光。

太阳风怎么会发光?

地球两极附近的磁场十分强大,足以导致来自太阳风的带电粒子与空气发生相互作用。这些带电的质子与空气中的原子发生碰撞,这个过程就会发光。这和荧光灯管发光的原理十分相似。灯管会发出什么颜色的光,这是由灯管里所充的气体的类型(通常是汞蒸气)和玻璃上涂层的类型决定的。这个过程到底怎么发光呢?关于这一点,还有原子的问题,我们会在稍后讨论。

你们这里是看极光秀的绝佳位置!

物理学小知识

- 地球磁场阻挡了大部分太阳风,让它们无法到达地球表面。
- 人们认为太阳风是一种辐射,可能对人体有害。
- 冰箱贴里的磁铁要比地球磁场强100倍。
- 虽然我们认为地球的磁场与地面平行,但是它也有一个向下的分量,尤其是在南北两极。

第四关 电和磁

蓝弟弟

人人为我，我为人人

这3只刚出巢的小幼鸟一直在寻找冒险的机会，只要有机会能碰撞出火花，他们从来不会回避。蓝弟弟们的力量结合时，真的会发生一些很壮观的事情——足以把"愤怒的小鸟"里的天空照亮好几天，就像能量碰撞形成的极光。速度、强度和团队合作，是他们精彩表现的全部内涵。

挪威科学家
克里斯蒂安·伯克兰

地球附近的太阳风速平均值=450km/s

千米 秒

名字： 蓝弟弟

蓝弟弟的驱动力： 兄弟同心

最喜欢的战术： 联手征服

物理学在作怪： 人们相信缓慢的太阳风源自于太阳的赤道带附近。这些太阳风之所以能够逃离太阳的引力，是因为它们的动能较高，而且日冕的温度也较高。

磁悬浮列车

火车相当迷人，但是让它开这么快，可一点儿也不容易。车轮总是会带来巨大的摩擦力。减少摩擦的一个方法就是去掉车轮。车轮和轨道之间没有接触，也就意味着没有摩擦。

没有轮子的火车要怎么造？

我们知道，两个磁铁的同性磁极（比如北极对北极）靠在一起，就会相互排斥。这实际上就是磁悬浮列车悬浮在轨道上面却又没有实际接触到轨道的原理。但是，你该怎样给列车加速呢？

为了控制速度，磁悬浮列车使用了电磁铁，既能让列车悬浮在轨道上，也可以给列车加速。一系列导电线圈被安置在轨道沿线，电流可以在线圈中流动，让列车前方的电磁铁吸引列车自身的磁铁。列车后面的电磁铁又会排斥它，推动列车前进。这种类型的列车使用的能量要明显低于传统火车。

物理学在作怪

你可以用磁带造一列你自己的磁悬浮列车。你先把磁带放在一个带有侧壁的轨道上，比如一个塑料雨水槽，再把一小块陶瓷磁铁放在轨道上方。这样，它就造好啦！

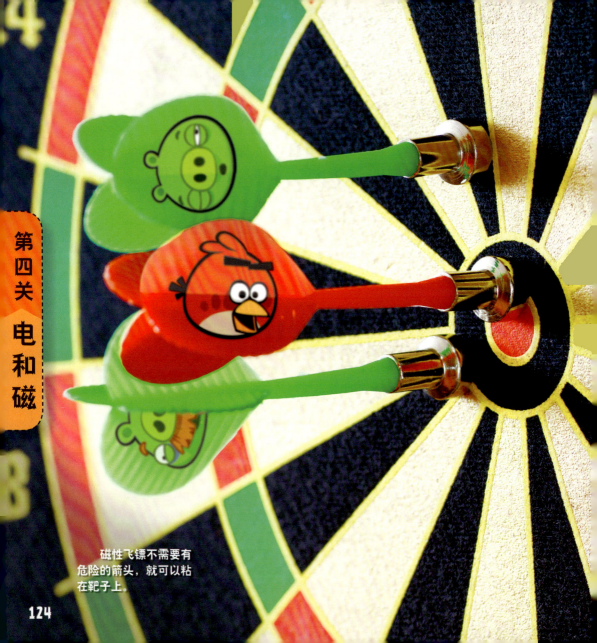

第四关 电和磁

磁性飞镖不需要有危险的箭头,就可以粘在靶子上。

磁性材料

为什么有一些铁质物体具有磁性，而另一些却没有呢？这和我们所说的磁畴有关。设想一块铁是由许多块小磁铁构成的——本质上来说，也确实如此。如果把这些小磁铁全部以同样的方式一字排开（小磁铁的北极都朝向同一方向），这块铁就会变得跟磁铁一样了。

这些小磁铁是什么？

这些小磁铁实际上是铁材料中的原子。这些原子里的电子起到了小小的环形电流那样的作用，产生了磁场。其他材料（比如铜）也有可以产生磁场的电子，但它们的排列组合让磁场大都相互抵消了。

物理学在作怪

用永磁铁的一端，接触一颗铁钉的顶部，然后移动到这颗铁钉的尾部。这样，铁钉的磁畴就排列整齐了，它就变成了一块磁性微弱的磁铁。

金属探测器

你可能对金属探测器比较熟悉，或者看到过有人用这种东西在地上寻找金属物体。这种探测器是如何工作的呢？一个最基本的金属探测器里面会有两个导电线圈。一个线圈里流动着振荡电流。这个振荡的电流会产生一个振荡的磁场。现在，把一个变化的磁场靠近一个会导电的物体，会发生什么呢？它会产生电流，然后又会产生自己的磁场。

第四关 电和磁

金属探测器可以用来寻找埋藏在沙子里的失落宝藏。

金属探测器如何发现金属物体?

这就轮到第二个导电线圈发挥作用了。探测器里的第二个导电线圈用来探测地下金属的感应磁场。对任何隐藏着的导电物体,它都会发挥作用。这意味着这种探测器能够找到所有的金属,而不只是铁那样的磁性金属。所以,你或许会发现一些埋藏起来的宝藏,然后一夜暴富!

物理学小知识

金属探测器常被用来寻找陨石。地球上的大多数岩石不含金属,但是许多陨石的铁含量很高。由于铁是导电的,所以它能够被金属探测器找到。

第五关 粒子物理及其他

物理学中研究组成物质和射线的基本粒子的一门分支科学。

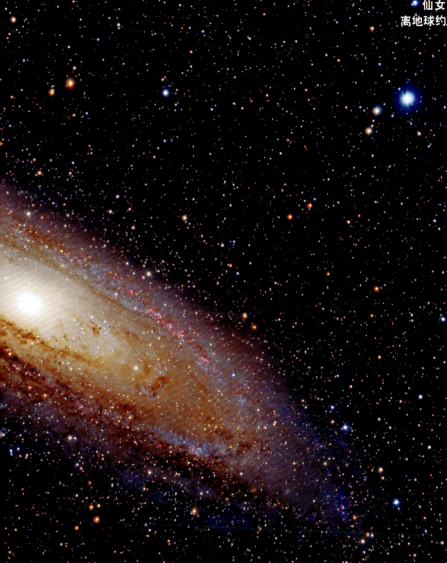

仙女座大星系,距离地球约250万光年。

物理学基础

第五关 粒子物理及其他

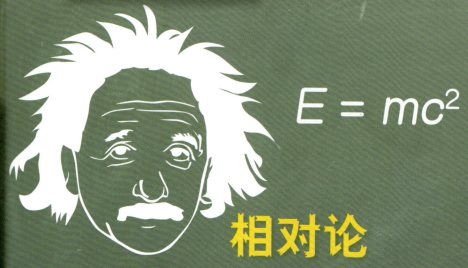

$E = mc^2$

相对论

当物体以非常高的速度运动时,我们就必须换一个视角来思考问题了。对于一个静止不动的观测者来说,速度超快的物体看上去的样子,会跟另一个与物体一同运动的观测者看到的样子不太一样。在快速运动的物体上,时间变化的速率似乎要稍慢一些。对长度甚至质量的测量,似乎也会得到不一样的结果。

我们常说,事情都是相对的。时间、能量和质量都是相对于观察者的速度而言的。这听起来似乎很疯狂,但它的真正内涵在于,宇宙中没有预设的参照系。

但是,多快才算得上超快呢?物体的速度有一个上限,那就是光速(3亿米/秒)。有质量的物体的速度不可能比光速更快(甚至不可能达到光速)。不管物体正在以什么速度运动,这些关于相对性的观点都是适用的。

观察超小物体

拿一个放大镜来观察一根头发。这看起来非常酷,你能够看到一些肉眼看不到的细节。但是,如果你想看更小的东西,比如构成头发的细胞,该怎么办呢?你可以用光学显微镜。你能看见比细胞更小的东西,比如细胞的分子吗?好吧,你可以"看"它们,但是没办法看到它们。

事实证明,使用可见光观察物体,就只能做到这一步。非常小的东西不能通过可见光成像,比如分子。我们平日里看到的各种颜色的光,并不能从单个分子上反射。想要观察比这更小的东西,我们必须使用一些技巧。如电子显微镜使用电子束来替代可见光,能够给非常小的东西成像。

爱因斯坦一定很努力!

物理学基础

大自然的基本构件

第五关 粒子物理及其他

你可能用积木搭建过一座城堡、一辆小汽车，或者一枚火箭。它们是由什么构成的呢？没错，你能够看出它们是用小积木拼成的。但这些积木又是由什么构成的呢？答案取决于材料。如果这些积木是铝块，那么它们就由铝原子组成。而塑料积木则由不同的分子结合而成。这些分子又由原子组成——大多数是碳原子。就像我们在前面提到的那样，如果把原子进一步分解，它们全都是由电子、质子和中子构成的。所以，你可以说，所有常见的物质都是由这3种要素构成的。

但是，为什么分解到这里就停了呢？能不能把电子再分裂成其他东西？这个，我们还不知道。目前来看，我们认为电子是基本粒子，不是由更小的东西构成的。而质子和中子可以分解成更小的单元，我们把这些更小的单元称为夸克。

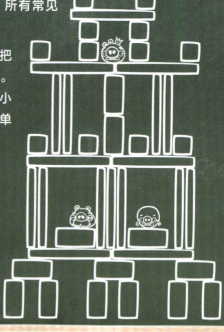

> 我们花了很大力气打倒了猪猪!

基本作用力

我们已经见识过了一些基本的相互作用——具体来说,就是电磁力和引力。另外,还有两种基本的相互作用。

一种是弱核力。这种相互作用会引发中子衰变之类的现象。如果你有一个孤立的中子,它最终会发生反应,变成一个质子、一个电子,以及另一个基本粒子——中微子。

另一种是强核力。以氦原子的原子核为例,这种原子核中有两个质子和两个中子。两个质子彼此靠得非常近,并且同样带有正电荷,这会产生一个强大的电场力要把它们分开。那么,为什么它们还会在一起呢?肯定有另一个力把它们结合在一起——这种力必须得非常强才行。正因为这样,这最后一种基本力才被称为强核力。这种相互作用发生在我们称之为强子(质子和中子都是强子)的一类粒子之间。

我们的星系——银河系的示意图。

你在这里。

第五关 粒子物理及其他

宇宙的尺度

盐晶体有多大？很小。那原子有多大？也很小。好吧，我们在描述这些东西有多小的时候，已经词穷了。

我们在谈论那些非常巨大的东西时，也会遇到同样的问题。地球很大，太阳系特别巨大。那么星系呢？

我们怎么描述特别小和特别大呢？

在描述原子大小的时候，我们不用厘米或米作单位，而是用纳米。1米相当于10亿纳米。用纳米作单位，我们就可以说，1个原子的直径大约有0.1纳米。

在谈论非常巨大的东西时，我们可以使用光年作为单位。1光年指的是光在真空中沿直线传播一年的距离。由于光速大约是3亿米/秒，1光年就相当于9.5万亿千米。

物理学在作怪

描述这种极端大小的另外一种方法，就是科学记数法。我们先记录一个以10为基准的数字，再写上后面要跟多少个0。一百万（1,000,000）就会被写成1×10^6。

宇宙的起源

第五关 粒子物理及其他

还记得多普勒效应吗？我们在讨论声波的时候提到过，它也同样适用于光。如果一个物体正以非常高的速度远离我们，这个物体发出的光看上去就会向波长更长的方向偏移，我们把这种现象称为红移；朝我们靠近的物体，光会向波长更短的方向偏移，我们把这种现象称为蓝移。

大多数星系如何移动？

1929年，埃德温·哈勃注意到了星系和红移之间的联系。首先，几乎所有的星系都在远离我们。其次，星系离我们越远，红移就越大。这一信息表明宇宙在膨胀。如果宇宙正在膨胀，那它就必定有一个起点，也就是大爆炸。

物理学在作怪

你可以用一只没有充满气的气球来模拟宇宙膨胀。在气球表面用记号笔画几个点。然后，继续往气球里打气，这样它就会膨胀。各个点之间的距离都在变大，就像宇宙膨胀一样——所有的东西都在变得越来越远。

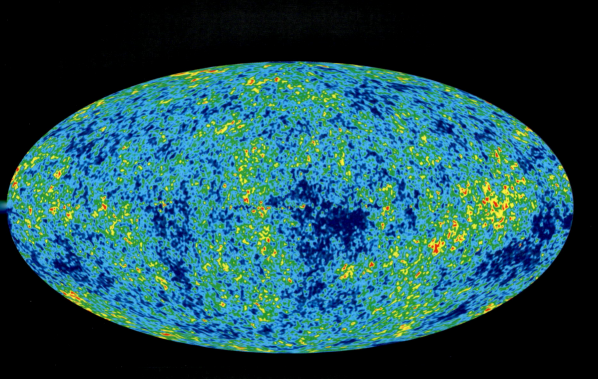

宇宙微波背景辐射是大爆炸后不久产生的热辐射，充满了整个可观测的宇宙。

第五关 粒子物理及其他

太空中的这一大团气体，被称为船底星云。

宇宙中的物质

所有这些物质都让我觉得自己在闪闪发光!

如果你能对宇宙中所有的元素做一次普查,你会发现最常见的元素是氢,其次是氦。它们是最简单的两种元素。

如何制造出所有这些元素?

所有的原子核都由质子和中子构成,但它们必须拥有足够的能量,相互之间才能靠得足够近,而强核力能够把它们聚在一起。当然,这个过程并不简单,但你可以明白其中的道理。同样的元素合成过程可以一直持续下去,但只能让你合成到某一个地步。当你用26个质子合成一个原子(比如这种元素是铁)之后,你就需要消耗能量才能合成金或铂之类的更重的元素了。这些能量从哪里来?它们来自于高能宇宙现象,比如恒星的爆炸。

物理学小知识

- 碳和氧是宇宙中含量仅次于氢和氦的两大元素。
- 地球的地壳中含量最丰富的元素是氧。
- 地球大气中含量最丰富的元素是氮。
- 所有已知的元素在元素周期表中都有一席之地。

大型强子对撞机

第五关 粒子物理及其他

我也是一种对撞机。

你要怎么探索质子的结构呢？质子实在太小了，所有类型的显微镜都无法对它进行观测，于是科学家不得不使用其他手段。欧洲核子研究组织负责运行的大型强子对撞机，让物质以接近光速的速度相互对撞，从而对它们进行观测。

怎么让粒子达到这么高的速度？

基本思路是利用粒子携带的电荷来给它们加速。不过，这种方法只能把强子加速到一定程度，然后它就会跑出给它加速的空间范围。解决这个问题的办法就是，让强子在大型强子对撞机的环形路径中多次经过加速路段。大型强子对撞机使用大型超导磁铁，让粒子沿着一个直径27千米的圆形轨道运转——这让它成了地球上规模最大的科学实验项目之一。

物理学小知识

- 大型强子对撞机使用了1500多块超导磁铁。
- 大型强子对撞机的磁铁需要保持在 −271℃。
- 大型强子对撞机的主粒子束位于地下约100米处，在法国和瑞士的边界下方运行。
- 2012年，欧洲核子研究组织率先找到了希格斯玻色子存在的证据。

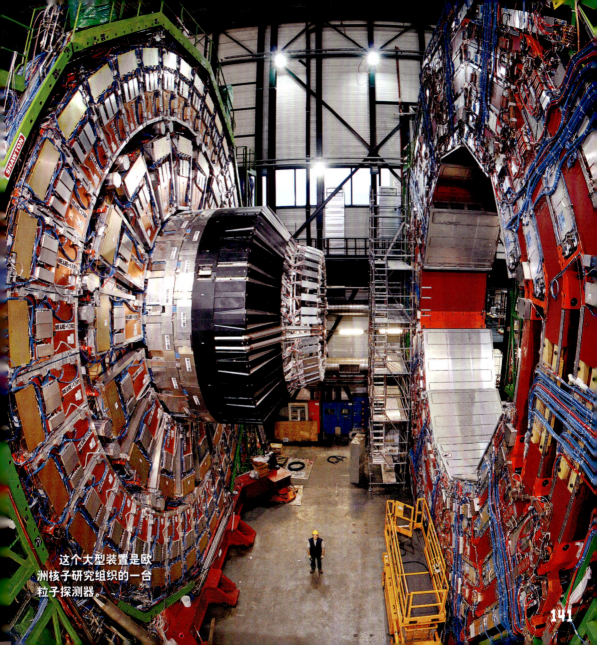

这个大型装置是欧洲核子研究组织的一台粒子探测器。

第五关 粒子物理及其他

黑洞附近物质发生相互作用的示意图。

黑洞

典型的恒星是作用力平衡的例证。引力总是试图将恒星挤压到无形。但是由于核聚变，恒星的核心非常炽热，这种炽热的物质会向外施加压力，阻止恒星坍缩。但是，如果恒星的核聚变停止了，会发生什么呢？内部压力不再足以平衡引力，于是恒星坍塌了。在某些情况下，它成为一个黑洞。

黑洞为什么是黑的？它真的是一个洞吗？

没有任何力量来阻止的话，引力能够把一颗典型的恒星挤压到直径大约3.2千米。在这个范围之内，引力场非常强大——强大到任何东西都无法逃脱，连光都不行。没有光离开某样东西的话，它看起来就会是黑的。那它真是一个洞吗？并非如此。黑洞只是宇宙空间中一个密度超高的天体而已。

物理学小知识

- 质量跟太阳相同的一个黑洞，直径只有6.5千米。
- 黑洞周围的引力场非常强大，能够导致光线弯曲。
- 我们银河系的中心很有可能有一个质量极其庞大的黑洞。
- 根据科学家斯蒂芬·霍金的理论，黑洞会缓慢蒸发。

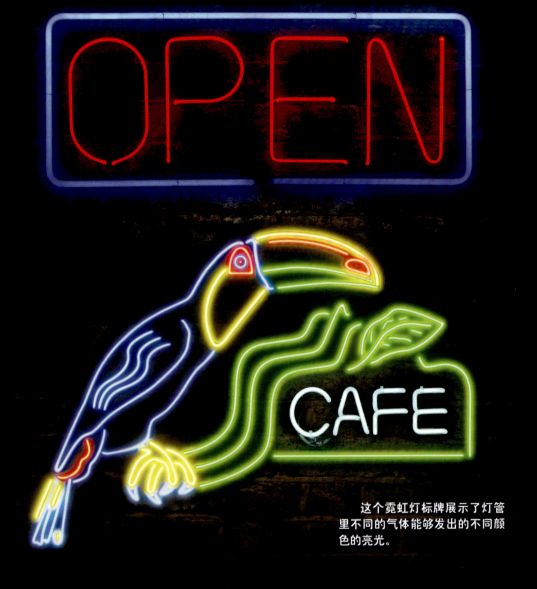

第五关 粒子物理及其他

这个霓虹灯标牌展示了灯管里不同的气体能够发出的不同颜色的亮光。

能级和光

这才是真正的气体!

霓虹灯会发出独特的橙色光。这种灯通过高电压向灯管里的氖气发射高速电子来发光。当电子与氖原子相互作用时,它会把氖原子激发到一个更高的能级。随后,氖原子的能量再降回来,在这个过程中发光。

如果你激发的是其他气体,会怎么样?

如果你用氢气代替氖气,也会发生类似的现象,但发光的颜色会不一样。在原子中,带正电的原子核被电子包围。事实证明,这些电子只能存在于一些不连续的能级之上。当一个电子向下跳一个能级时,就会发出特定颜色的光。不同的原子都拥有独一无二的能级,会发出不同颜色的光。

物理学在作怪

通过观察不同物体发出的光的颜色,我们能够测定这些物体中包含什么元素。如此一来,我们不需要前往那些遥远的恒星,就能够探索它们。

核反应

啊,我懂了!E确实等于mc²。

第五关 粒子物理及其他

1905年,爱因斯坦提出,质量和能量之间存在一种对应关系。这让他提出了著名的方程,$E=mc^2$。其中,E是能量,m是某个物体的质量,c则是光速。

如何把质量转化成能量?

你不能拿一个棒球或者其他什么东西出来,就要把它转化成能量。说真的,幸好你做不到这一点。它释放出来的能量之多,不是任何人处理得了的。然而,你可以用一个原子来产生能量,比如铀原子。如果一个铀原子被一个中子击中,这个原子就会分裂成两个质量更小的原子。但奇怪的是,如果你把分裂出来的这两个原子的质量加起来,得到的和会比原来那一个铀原子的质量小。剩余的质量去了哪里呢?它被转化成了能量。这就是核反应堆里发生的事情。多余的能量被用来产生蒸汽,推动发电机里的涡轮旋转。

物理学小知识

- 如果核反应堆中所有的质量都可以被转化成能量,那么1克的质量就能以3兆瓦的功率发电一整年。
- 如果原子核分裂成更小的碎片,我们就称之为**核裂变**。
- 对于质量较小的原子核,你可以通过合并原子来获得能量,这一过程被称为**核聚变**。
- 世界上第一座核电站位于美国的爱达荷州,1951年开始运行。

美国华盛顿州一座核电站的冷却塔。

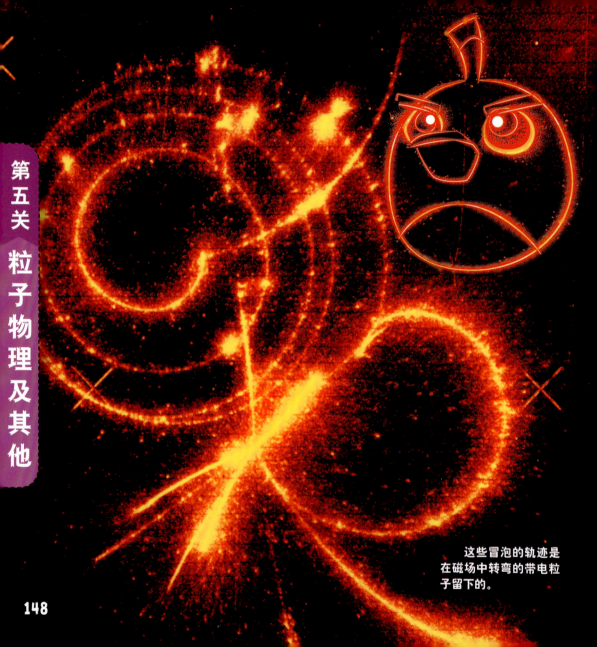

第五关 粒子物理及其他

这些冒泡的轨迹是在磁场中转弯的带电粒子留下的。

反物质

电子是携带负电荷的小粒子。有另外一种粒子跟电子非常类似，只不过它携带的是正电荷。我们称它为正电子，也就是电子的反物质。其他粒子也有反物质，例如反质子。

反物质遇到物质会怎么样？

如果把一个正电子放到一个电子旁边，相反的电荷会让它们相互吸引。有什么东西能够阻止它们撞到一起吗？没有。当这两个粒子相遇时，我们会说它们湮灭了——这两个粒子转化成了巨大的能量。

不过，这里有一个谜题。在宇宙起源之初，也就是大爆炸之时，物质和反物质都被创造出来了。但是现在我们环顾四周，几乎所有的东西都由物质构成，而不是反物质。所以，到底发生了什么呢？大多数原初反物质与普通物质结合，但普通物质在数量上具有某种优势。这也正是大型强子对撞机正在尝试解答的问题之一。

物理学小知识

- 如果这些能量全部来自反物质湮灭，那么只需要大约100克反物质就够了。
- 香蕉里含有放射性元素钾。钾的衰变有时会产生正电子。
- 2010年，欧洲核子研究组织将反质子与正电子结合，造出了一个反氢原子。

黑暗之谜

第五关 粒子物理及其他

许多人认为人类几乎已经搞清楚了所有的重要问题。但事实并非如此,有许多事情我们甚至不知该如何提问。其中有一个谜题来自于对星系的观测。天文学家发现,宇宙中的物质比我们能够看得见的物质更多。我们把那些看不见的物质称为"暗物质"。

什么是暗物质?

没有人确切地知道,星系中这些多出来的质量是什么物质。有一种观点认为,还有其他粒子与现有的标准模型粒子成对出现。标准模型是什么?这是我们对物质和相互作用的基本描述。它包含了夸克和轻子之类的粒子,也包含了基本相互作用。

物理学小知识

- 标准模型包含61种基本粒子,还有4种基本相互作用。
- 有些粒子的名字起得很棒,比如 μ 子和粲(càn)夸克。
- 暗能量是理论上导致宇宙加速膨胀的一种能量。
- 暗物质在宇宙中占了大约23%。

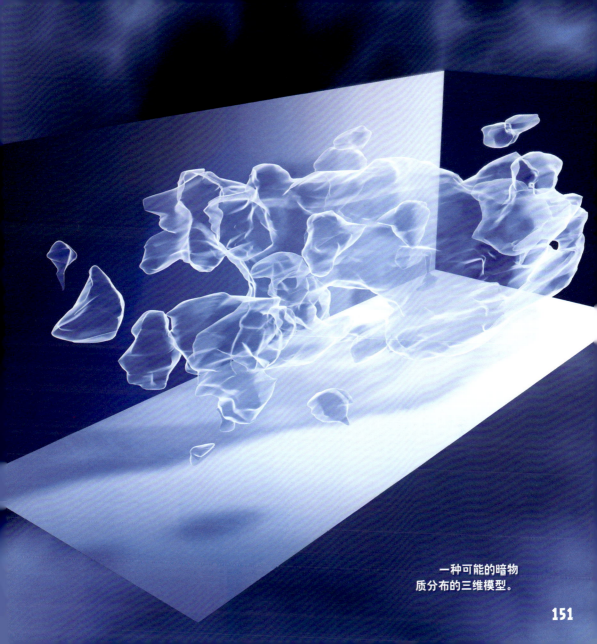

一种可能的暗物质分布的三维模型。

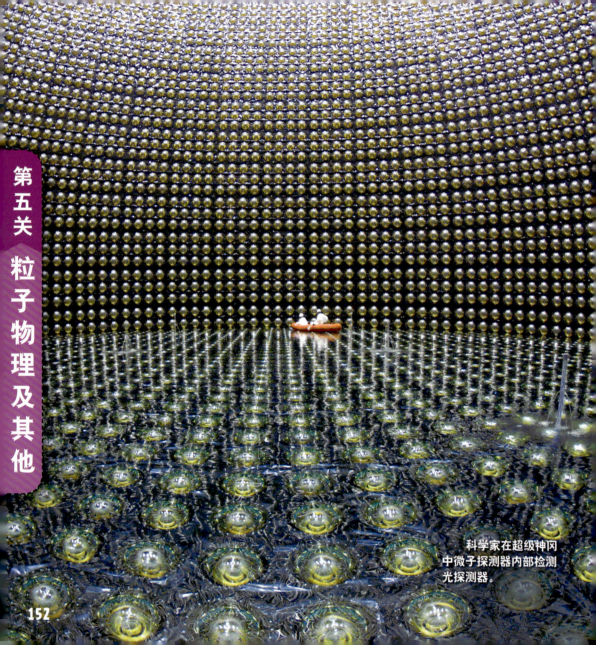

第五关 粒子物理及其他

科学家在超级神冈中微子探测器内部检测光探测器。

中微子

我更喜欢"中微啤子"!

与其他粒子相比,中微子的质量非常小——甚至连电子都比不过。而且中微子是电中性的,这使得它极难被检测到。为了探测它们,你必须用大量物质去观测偶尔才会出现的相互作用。科学家的一个办法是将大量的水放置在地下深处——屏蔽其他形式的辐射。然后,他们用许多光探测器,寻找中微子发生相互作用时发出的微弱闪光。

我们为什么要关注中微子?

要怎样才能观测到太阳内部的相互作用呢?你无法到现场去亲眼目睹,而且估计你也不愿意深入太阳的核心。相反,你只能观察从太阳的核心处跑出来的唯一一样东西——中微子。通过研究太阳中微子的种类和数量,我们可以更好地了解太阳内部发生了什么。

物理学小知识

- 太阳核心处的核聚变反应会产生出许多中微子。
- 地球上每平方厘米的地方,每秒约有4000亿个中微子穿过。
- 超级神冈是一个中微子探测器,位于日本地下1000米深处。
- 超级神冈用了50,000吨水,还有11,000个光感应器。

接近光速旅行

大型强子对撞机能够把粒子加速到非常高的速度，质子的速度能够达到光速的99.999991%。可是，为什么不能更快一些呢？我们先从一个不一样的例子说起。假设你有一台网球发球机，能够发射一个网球。如果你把发球速度加倍，它的能量就会变成4倍。

给一个质子加速，会发生什么？

动能与速度的平方之间成正比，这个观点非常有用——但并非完全正确。如果你的速度越来越快，你会发现4倍的能量再也不足以让速度加倍了，你需要更多的能量才行。粒子的速度越接近光速，给它加速所需的能量就越多，甚至是需要无限多的能量——这就是大型强子对撞机无法让粒子以光速或者超光速运行的原因。

第五关 粒子物理及其他

宇宙线闯入地球大气层时的路径示意图。

物理学小知识

光从太阳射到地球大约需要8分钟。

最早尝试测量光速的人是伽利略·伽利莱,时间是1607年。

大型强子对撞机中的质子在最高速度下,短短1秒钟内就能绕着直径27千米的加速器跑11,000多圈。

词汇表

暗物质　宇宙学中,那些自身不发射电磁辐射,也不与电磁波相互作用的一种物质。人们只能通过引力产生的效应发现它们。

北极光　出现在星球北极的高磁纬地区上空的一种绚丽多彩的发光现象。

标准模型　一套描述强力、弱力以及电磁力这3种基本力和组成所有物质的基本粒子的理论。

波长　沿着波的传播方向,相邻的两个波峰或波谷之间的距离。

场　以时空为变量的物理量。

超导体　特定温度以下,电阻呈现为0的导体。

等离子态　除固态、气态和液态以外的第四物态,也是宇宙中广泛存在的一种物态。

动能　物体由于运动而具有的能量。

多普勒效应　波源和观察者有相对运动时,使观察者感到频率发生变化的现象。

反物质　是反粒子概念的延伸。反物质是由反粒子构成的。

分子　物质中能够独立存在的、相对稳定并保持该物质物理化学特性的最小单元。

光年　光在真空中沿直线传播一年所经过的距离。

轨迹　物体运动的路径。

核反应　入射粒子与原子核碰撞导致原子核状态发生变化或形成新核的过程。

黑洞　宇宙间存在的一种超高密度天体,时空曲率大到连光都无法逃脱。

红外线　波长比可见光更长的电磁波,在光谱上位于红色光的外侧。

红移　物体高速远离观测者时,颜色看上去向波长更长的方向偏移。

回声定位　某些动物通过口腔或鼻腔把从喉部产生的超声波发射出去,利用折回的声音来定向,这种空间定向的方法称为回声定位。

基本电荷　又称"基本电量"或"元电荷",相当于一个质子或者电子携带的电荷量。

加速度　速度的变化率,是描述物体速度变化快慢的物理量。

焦耳　功、能量和热的单位,符号J。

静电　处于静止状态的电荷。

蓝移　物体高速靠近观测者时,颜色看上去向波长更短的方向偏移。

力　物体之间的相互作用,是使物体获得加速度和发生形变的外因。

摩擦力　一个物体跟另外一个物体接触时,由于相对运动或有运动趋势时相互施加的力。

能量　表示物体做功能力大小的物理量,可分为动能、势能、热能、电能等。

牛顿　力的一种计量单位,符号N。

抛物运动　将物体以一定的初速度向空中抛出,仅在重力作用下物体所做的运动。

强核力　强子之间的一种吸引力，是4种基本作用力中最强的、作用距离最短的一种力。

强子　一种亚原子粒子，所有受到强核力的亚原子粒子都被称为强子。

热能　物质燃烧或物体内部分子不规则地运动时放出的能量。

热膨胀　在外压强不变的情况下，物体温度上升时体积增大的现象。

速度　运动物体在某一个方向上单位时间内所通过的距离。

太阳风　从太阳大气层射出的超高速带电粒子流。

温度　表示物体冷热程度的物理量。微观上讲是物体分子热运动的剧烈程度。

物质　所有带有静止质量且占据一定空间的东西。所有物体都由物质组成，物质则由原子构成。

相对论　研究时间和空间相对关系的物理学说，分为狭义相对论和广义相对论，均由爱因斯坦提出。

矢量　既有大小也有方向的物理量，也叫向量。

星系　由无数恒星和星际物质组成的天体系统，如银河系和外星系。

压强　物体单位面积上所受的压力。

湮灭　粒子和它的反粒子（比如电子和正电子）碰撞消失后并释放能量的反应。

引力　也称万有引力，指有质量的物体之间相互吸引的作用，也是物体重量的来源。

原子　物质构成的最基本粒子，是一种元素能保持其化学性质的最小单位。

原子核　位于原子的核心，由质子和中子构成。

圆周运动　是一种最常见的曲线运动。质点在以某点为圆心、半径为r的圆周上运动时，其轨迹即为圆周运动。

振动　物体的往复运动。

蒸发　液体表面发生的液体转换成气体的过程。

正电子　带正电荷的亚原子粒子，质量和大小与电子相同。

质子　构成原子核的粒子之一，带正电荷，所带电量和电子相等。

中微子　质量非常小且不带电荷的一类基本粒子。

中子　构成原子核的粒子之一，不带电荷。

终端速度　当物体在流体中运动时，在流体向物体运动反方向所施的力下，物体的运动速度因而不变，这时物体的移动速度被称为终端速度。

驻波　频率、振幅、振动方向相同，传播方向相反的两列波叠加后形成的波。

关于作者

瑞特·阿兰（*Rhett Allain*）先生年轻时的大部分时间，都是在美国的伊利诺伊州度过的。青年时期，他很喜欢造东西和拆东西——即使他无法保证每次都能再装回去。他曾在美国亚拉巴马大学和北卡罗来纳州立大学学习物理。

现在，他是连线科学博客（*Wired.com*）的一名博主，也是一名物理学教授。他和妻子、孩子一起生活在美国的路易斯安那州。他喜欢骑自行车上下班。

致谢

我们要向这个出色的团队致以谢意，是他们的辛苦努力使这个项目进行得如此迅速和顺利。

罗威欧娱乐有限公司
Sanna Lukander, Pekka Laine, Jan Schulte-Tigges, Mari Elomäki, and Anna Makkonen

美国国家地理学会
Bridget A. English, Jonathan Halling, Susan Blair, Dan Sipple, Galen Young, Judith Klein, Anna Zusman, Lisa A. Walker, Anne Smyth, and Andrea Wollitz

欧洲核子研究组织
Rolf Landua

图片来源

Cover, OHiShiapply/Shutterstock; Back Cover, mexrix/Shutterstock; 4 (black and yellow border), Roobcio/Shutterstock; 5 (graph paper background), naihei/Shutterstock; 6 (wall and door), Peshkova/Shutterstock; 6 (background through door), Zurijeta/Shutterstock; 8-9, www.wendysmithaerial.com; 14-15, EvrenKalinbacak/Shutterstock.com; 17 (baseball player), Aspen Photo/Shutterstock; 17 (baseball), Alex Staroseltsev/Shutterstock; 18-19, TIMOTHY A. CLARY/AFP/Getty Images; 21 (woman), AlenD/Shutterstock; 21 (glass), kubais/Shutterstock; 22 (fire background), oldmonk/Shutterstock; 23 (black chalkboard on wooden wall), Tischenko Irina/Shutterstock; 23 (inset frame), IhorZigor/Shutterstock; 23 (inset Isaac Newton photo), Bettmann/Corbis; 25, Joggie Botma/Shutterstock; 27, marcovarro/Shutterstock; 29 (background), Mark Smith/Shutterstock; 29 (rocket), Lightspring/Shutterstock; 29 (woman), HomeArt/Shutterstock; 29 (woman's hair), Wally Stemberger/Shutterstock; 30 (blue background), Henry Hazboun/Shutterstock; 31 (black chalkboard on wooden wall), Tischenko Irina/Shutterstock; 31 (inset frame), LiliGraphie/Shutterstock; 31 (inset Galileo Galilei photo), Georgios Kollidas/Shutterstock; 33, NASA; 34-35, Racheal Grazias/Shutterstock; 35 (green car), Kolopach/Shutterstock; 37, Olga Bogatyrenko/Shutterstock; 38-39, Maxell Corporation of America/Manhattan Marketing Ensemble; 40 (coiled springs), based on Valdis Torms/Shutterstock; 42 (tuning fork), based on bayberry/Shutterstock; 43 (plants), based on Anthonycz/Shutterstock; 45, Dmitry Berkut/Shutterstock.com; 46-47, AP Photo/The Canadian Press, Jim Bradford; 48, Apatsara/Shutterstock; 51 (black chalkboard on wooden wall), Tischenko Irina/Shutterstock; 51 (inset frame), prosoptphoto/Shutterstock; 51 (inset Chuck Yeager photo), U.S. Air Force/The U.S. National Archives and Records Administration, 542345; 52, Flip Nicklin/Minden Pictures/National Geographic Stock; 54-55, Imagemore Co., Ltd./Corbis; 59, Ted Kinsman/Science Source; 60 (canvas background), Fancy Studio/Shutterstock; 61 (black chalkboard on wooden wall), Tischenko Irina/Shutterstock; 61 (inset frame), Baloncici/iStockphoto; 61 (inset Alhazen photo), Wollertz/Shutterstock; 62, Mopic/Shutterstock; 64-65, Rutuparna Rayate/National Geographic My Shot; 67, Winfried Wisniewski/Foto Natura/National Geographic Stock; 68-69 (main hot air balloon image), Jill Fromer/iStockphoto; 69 (Red Angry Bird balloon), Based on Brandon Bourdages/Shutterstock.com; 70 (atom), based on AnastasiaSonne/Shutterstock; 72 (thermometer), based on gravitybox/iStockphoto; 74, Gunnar Pippel/Shutterstock; 77, Borge Ousland/National Geographic Stock; 78, Steven Bullen (www.raymears.com); 81, Mark Thiessen, NGS; 82 (background), based on original work/Shutterstock; 83 (black chalkboard on wooden wall), Tischenko Irina/Shutterstock; 83 (inset frame), Roobcio/Shutterstock; 83 (inset Alfred Nobel photo), www.imagebank.sweden.se, Gösta Florman/The Royal Library; 84-85 (plasma ball), Steve Allen/Brand X Pictures/Getty Images; 84-85 (background), STILLFX/Shutterstock; 87 (melting ice cream), Picsfive/Shutterstock; 87 (sidewalk background), Vincent Dale/iStockphoto; 88, Bob Thomas/iStockphoto; 91, Bruce & Greg Dale/National Geographic Stock; 92 (blue background), argus/Shutterstock; 93 (black chalkboard on wooden wall), Tischenko Irina/Shutterstock; 93 (inset frame), Maly Designer/Shutterstock; 93 (inset Nicolas Carnot photo), Photo Researchers/Colorization by Jessica Wilson; 94-95, Frans Lanting/National Geographic Stock; 97, Lawrence Manning/Corbis; 98-99, subtik/iStockphoto; 100 (Earth as magnet), based on Snowbelle/Shutterstock; 102 (lightbulb), based on Stock Elements/Shutterstock; 102 (battery), based on beboy/Shutterstock; 103 (magnet), based on unkreativ/Shutterstock; 104, Roger Ressmeyer/Corbis; 107, Beneda Miroslav/Shutterstock; 109 (black chalkboard on wooden wall), Tischenko Irina/Shutterstock; 109 (inset frame), Ortodox/Shutterstock; 109 (inset Michael Faraday photo), Georgios Kollidas/Shutterstock; 110, Ethan Daniels/Shutterstock; 112 (main image), BanksPhotos/iStockphoto; 112 (pole birds are sitting on), based on Kamenetskiy Konstantin/Shutterstock; 115 (main photo), Dave Reede/All Canada Photos/Corbis; 115 (sign), irin-k/Shutterstock; 116, Nata-Lia/Shutterstock; 118-119, Lijuan Guo/Shutterstock; 120 (background), Eliks/Shutterstock; 121 (black chalkboard on wooden wall), Tischenko Irina/Shutterstock; 121 (inset frame), Bennyartist/Shutterstock; 121 (inset Kristian Birkeland photo), Mondadori via Getty Images; 121 (inset solar flare), NASA/SDO/AIA; 121 (inset tape on paper), Picsfive/Shutterstock; 122, Nikada/iStockphoto.com; 124, granat/Shutterstock; 126-127, Teresa Levite/Shutterstock; 128-129 (Andromeda galaxy), Adam Evans/sky-candy.ca; 128 (rocket ship), voyager624/Shutterstock; 130 (Einstein), based on Bettmann/Corbis; 130 (feather), based on Potapov Alexander/Shutterstock; 134, The Milky Way galaxy as conceptualized by Ken Eward and National Geographic Maps; 137, NASA/WMAP Science Team; 138, NASA/ESA/National Geographic Image Collection; 141, Source: CERN; 142, NASA/Dana Berry; 144 ("Open" sign with brick wall background), antoniomas/Shutterstock; 144 (toucan), Valerie Loiseleux/iStockphoto; 144 (Café sign), based on Chad Littlejohn/Shutterstock; 147, Owaki/Kulla/Corbis; 148, Source: CERN; 151, NASA, ESA and R. Massey (California Institute of Technology); 152, Photo of The Super-Kamiokande Detector, The Institute for Cosmic Ray Research of the University of Tokyo; 154-155 (main image), Rebecca Pitt, for the exhibit "Discovering Particles: Fundamental Building Blocks of the Universe" (University of Birmingham and University of Cambridge); 154-155 (cloudy sky background), pio3/Shutterstock.

通缉令！

你找到它们了吗？
其他"愤怒的小鸟"系列！

"愤怒的小鸟"迷们，处处有惊喜哟！

你可以在各种应用程序商店里搜索罗威欧娱乐有限公司出品的"愤怒的小鸟"游戏，也可以访问网址 ANGRYBIRDS.COM。